服装人体工效学

GARMENT ERGONOMICS

GARMENT
ERGONOMICS
GARMENT
ERGONOMICS

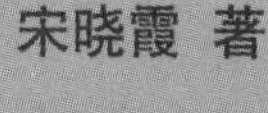

宋晓霞 著

東華大學出版社
·上海·

图书在版编目(CIP)数据

服装人体工效学 / 宋晓霞著. —上海：东华大学出版社，2014.10
ISBN 978-7-5669-0533-8

Ⅰ. ①服… Ⅱ. ①宋… Ⅲ. ①服装-工效学 Ⅳ. ①TS941.17

中国版本图书馆 CIP 数据核字(2014)第 139858 号

本专著由上海工程技术大学科研专著专项资金资助

责任编辑：谭　英
封面设计：陈南山

服装人体工效学

宋晓霞　著
东华大学出版社出版
上海市延安西路 1882 号
邮政编码：200051　电话：(021)62193056
出版社网址　http://www.dhupress.net
天猫旗舰店　http://dhdx.tmall.com
常熟大宏印刷有限公司印刷
开本：787mm×1092mm　1/16　印张：7.25　字数：195 千字
2014 年 10 月第 1 版　2014 年 10 月第 1 次印刷
ISBN 978-7-5669-0533-8/TS·503
定价：25.00 元

前 言

服装人体工效学是人体工效学中的一个分支，它的研究对象是“人—服装—环境”系统。服装人体工效学是研究人体与服装关系的一门学科，其研究重点是从人体的形态和运动机能等特性出发，充分考虑人体与服装的调和性与舒适性，提高服装与人体的整体适应机能。具体地讲，就是依据人的心理、生理特征，利用科技成果、数据，去设计“服装”(包括服装、饰物、化妆品、发型及其包装物)，使“服装”符合人的使用要求；适应环境，改进环境，使环境对人无害；优化“人—服装—环境”系统，使三者达到最佳配合，创造高效、安全、健康、舒适和方便的条件，以最小的代价换取最大的成果。

服装人体工效学涉及人体心理学、人体解剖学、环境卫生学、服装材料学、人体测量学、服装设计学等学科，是一门综合性的学科。随着“以人为本”的理念越来越被世界关注，其研究内容也日益丰富。本书共分七章，各章主要内容如下：

第一章绪论。主要介绍了人体工效学的概念、发展过程、国际的和各国的学术团体及其主要活动。从“人—环境—服装”系统分析服装人体工效学的主要研究内容和学科发展方向。

第二章人体体型与服装。主要从人体基本构成着手来介绍人体的特征，进而对人体体型进行分类描述。同时本章介绍了两种人体测量方法，重点讲解了人体测量的标准。

第三章服装热湿舒适性。主要从热湿舒适性的相关理论知识进行阐述，其主要内容为服装热湿舒适性研究内容、方法及研究近况等，并分别详细介绍了服装热传递与湿传递的性能等理论知识。

第四章服装压力舒适性。主要结合实例分析讲解服装压力与着装舒适性之间的关系，并介绍了服装压力舒适性领域目前研究的主要内容和应用现状。

第五章功能防护服与人体保护。主要介绍了防护服的基本概念，并针对防风耐寒服、阻燃隔热防护服等几种较为常见、实用性较高的功能防护服进行详尽的介绍。

第六章服装设计与人体工效学的关系。本章仅针对与服装关系密切的颈、肩、胸、腰、四肢、臀等部位作静、动态分析，说明服装设计与人体工效学的关系。

第七章特殊群体服装与人体工效学。主要分析特殊人群中的老年人和残疾人服装工效学设计案例。

当今信息日新月异，相对而言本书的相关信息还并不够全面，不足之处恳请专家和广大读者提出宝贵意见。感谢本书引用的文献著作作者，在此致以诚挚的谢意！

作者

目 录

第一章　绪　论

人体工效学是一门新兴学科，它涉及人体解剖学、人体测量学、心理学、运动学等很多学科领域的交叉学科。本章主要介绍了人体工效学的概念、发展过程，国内外的学术团体及其活动，从"人—服装—环境"系统分析服装人体工效学的主要研究内容和学科发展方向。

第一节　人体工效学的概念

工效学的英文"Ergonomics"，在牛津字典中的解释是：study of the environment, conditions and efficiency of works。其原意是指是设备和环境能够满足人们生产或操作过程中合理地、适度地劳动以及满足人体生理的需求，使得人、机器、环境三者达到最佳的状态。

人体工效学是一门研究人、机器、环境之间相互作用的一门学科。作为一门新兴学科，人体工效学是由不同学科、不同专业的工作者共同研究和发展起来的，是拥有独立的研究方法和理论体系的学科；是一门涵盖多种领域，需要运用多学科的原理、方法、数据等发展起来的新兴边缘学科。

人体工效学这门学科所涉及的学科领域很多，内容综合性强，且在每个国家的发展过程不同、在实际中的侧重点也不同，因此不同的国家对这门学科的命名也有所不同。

(1) 在美国：被称为人类因素学(Human Factors or Human)、人体工程学(Human Engineering)，人类因素学(Human Factors)、工程心理学。

(2) 在欧洲：被称为人类工程学(Engineering)、人类工效学。

(3) 在日本：被称为人间工学。

(4) 在前苏联：被称为工程心理学(Engineering Psychology)。现独联体各国也改称"人机工程学"。

(5) 在中国：被称为人体工效学、人机工程学、人类工效学、人类工程学、工程心理学等。

(6) 在其他国家：被称为人机工程学、人类工程学、机械设备利用学、工效学、工程心理学等。

不同国家的不同专家学者对人体工效学的描述也是不同的。

(1) 美国工程学专家W.E.伍德森提出："人体工效学研究的是在生产过程中考虑人与机器之间关系的方案，对人的知觉反应、控制机器、人机系统的设计及其部署和作业系统的组合进行研究，其目的是为了获得在工作时的舒适与安全，提高生产效率。设备设计必须适合人各方面的因素，以便在操作时付出最小的代价而求得最高的效率。"

(2) 前苏联的学者将人体工效学定义为研究生产过程中的可能性、劳动活动方式、劳动的组织安排，从而提高人的工作效率，使得生理上和心理上同时都能创造舒适和安全的劳动环境，保障劳动者的身体健康，使人们在生理上和心理上同时能够得到发展的学科。

（3）日本学者认为人体工效学是研究人和机械如何适用的学问，其目的是最大效率而且正确地发挥人机系统的机能。

（4）我国《中国企业管理百科全书》中把人体工效学定义为：研究人和机器、环境的相互作用及其合理结合，使设计的机器和环境系统能够适合人的生理、心理的特点，提高生产的效率、安全、舒适、健康的目的。我国学者对人体工效学的另一种定义是：运用生理学、心理学、技术科学、管理科学和其他有关学科的知识，使机器和人相互适应创造舒适和安全的环境，减轻人的疲劳；消除职业病和减少事故的发生从而提高工效的一门学科。

（5）目前人体工效学最权威、最全面的定义是国际人体工效学会（International Ergonomics Association）提出的：人体工效学是研究人在某种工作环境中的解剖学、生理学和心理学等方面的因素；研究人和机器及环境的相互作用；研究人在工作中、家庭生活中和休假时怎样统一考虑工作效率、人的健康、安全和舒适等问题的学科。

人体工效学是研究人、机及其工作环境之间相互作用的学科，它是建立在工程学、医学、心理学、力学、解剖学、人类学、信息论等科学基础上的边缘科学，研究人的身体结构和生理、心理特点，以实现"人—机—环境"之间的最佳匹配，使处于不同条件下的人能有效、安全、健康舒适地进行工作与生活。它的理论体系具有人体科学与技术科学相结合的特征，涉及技术科学与人体科学的许多交叉性问题与协作发展问题。这样才能促使它充实发展，并最终为本系统的各部分设计服务。

第二节　人体工效学的发展

人体工效学的发展经过原始社会人机关系、古代社会人机关系、近代社会人机关系—机械中心设计、现代社会人机关系—系统中心设计四个阶段。

一、原始社会人机关系

人类自诞生以来就存在着人、工具、环境的关系。早在原始社会人们能够利用和制作工具开始，就能够改造环境，这就是原始的人与器具的关系。

二、古代社会人机关系

到了古代社会，人类发现了与工具相互配合的规律，如距今千年的秦朝时期人们就能够根据想要制作战车的大小选择相对应的制作工具，这一阶段称为经验人体工效学。直到工业革命时期，由于人从事的劳动在负荷量和复杂程度上有了巨大的变化，人们需要改进生产工具以提高生产效率，同时也要考虑到人的身体健康和工作的环境条件。这促使人们需要综合考虑在提高生产效率的前提下，考量到其他影响因素。

三、近代社会人机关系—机械中心设计

这一阶段的特点是以机械为中心设计，通过选择和培训，使人适应机器。其发展过程大致经历了：

(1) 研究人体劳动时的疲劳状况。1884年德国的学者莫索用微电流对劳动者进行测试：当劳动强度不同时，相应的电流也会改变，因此可以通过分析电流的变化来分析劳动者的疲劳程度。

(2) 设计很多大小不同的铁锹，以适应装卸不同的物料。1889年美国的现代管理学之父泰勒对装卸、搬运铁块及金属切割作业进行研究：设计了很多大小不同的铁锹，以适应装卸不同的物料。

(3) 提出吉尔布雷斯基本动作要素分析表。1911年，吉尔布雷斯夫妇提出了著名的"吉尔布雷斯基本动作要素分析表"，提高了工作效率。

(4) 把心理学的研究成果与泰勒的管理学理论结合，运用心理学原理和方式，使人适应机器。1912年，德国心理学家雨果·孟斯特伯格出版了《心理学与工业效率》，他把心理学的研究成果与泰勒的管理学理论结合，运用心理学原理和方式，使人适应机器。这是人体工效学的基础，通过研究人机界面的信息交换，进而研究人机系统设计及其可靠性的评价方法形成。

四、现代社会人机关系—系统中心设计

这一阶段的特点是强调以系统为中心来设计机械与人的最佳组合。这阶段人们开始考虑到人的因素在设计中的地位是很重要的。于是，对人机关系的研究，使人们从适应机器进入到了让机器适应人的新阶段。这阶段真正地开始把工程技术、科学理论、生理学、心理学等学科相结合，为人体工效学的产生奠定了基础。在这一发展阶段，经历了以下过程：

(1) 1949年英国学者以马列而倡导成立了第一个"工效学研究会"，把生理学家、心理学家、建筑师、设计师、照明工程师等行业的人员集中在一起，探讨怎样提高工作效率。

(2) 1954年伍德森发表了《设备设计中的人类工程学导论》一书，该书具有承上启下的意义。

(3) 1957年麦克考米克发表的《人类工程学》，它是第一部关于人体工效学的权威著作，标志着这一学科已经进入了成熟阶段。20世纪50年代末60年代初，人体工程学进入发展阶段。60年代后，这一学科在世界内普遍发展起来。

(4) 1960年国际人体工效学会成立。1961年在斯德哥尔摩举行了第一次国际人体工效学会议，该会有近20个分会，在30多个国家设有专门机构。

(5) 1975年国际人体标准化技术委员会成立，发布了《工作系统设计的人类工效学原则》标准。

科学技术的日新月异、计算机技术的不断发展以及工程技术系统和机械化程度的不断提高、宇航事业的繁荣，都不断地推动科学技术的发展。这些对人体工效学而言，一方面为学科带来了新的研究方法、研究内容、技术手段；另一方面也为人体工效学的进一步研究提供了新的课题，扩大了研究范围，从而促进了人体工效学的发展和进步。

第三节　人体工效学的主要学术团体及其活动

一、各国人体工效学的学术团体和主要活动

(1) 英国人体工效学学术团体成立于1950年，是欧洲最早建立的人体工效学团体。英国

人体工效学学会在1957年发表了由英国剑桥大学心理研究所的魏尔福特主编的会刊《Ergonomics》,该会刊已经成为了国际性的刊物。且英国的伯明翰大学和劳勃路技术学院都开设了人体工效学这门课程。人体工效学被广泛地运用到国民经济的各个部门,例如H. Grave在1980研究英国汽车司机的详细人体资料。

(2) 美国在人体工效学技术的研究目前领先其他国家。美国在1957年成立了人体工效学研究小组,该学会不仅发行人体工效学会刊,而且发表了不少的学术文章和专利,是世界上发行人体工效学刊物最多的国家。美国人体工效学的研究机构一般设立在大学和军事部门。很多大学例如麻省理工大学、哈佛大学、哥伦比亚大学等都设有专门的研究机构。军事部门设立的人体工效学机构主要是为国防业务服务的。

(3) 苏联于1962年成立了人体工效学研究小组,他的人体工效学方面的研究侧重于心理学方面的探索,他们认为,心理学是工效学研究的一个重要方面。苏联在人体工效学标准的制定方面颇有成就,其中有20多项的标准被列入国家技术水平和产品要求的标准。

(4) 日本人体工效学学会成立于1964年,它的研究大多是从技术发达国家吸取工效学方面的理论知识和实际经验,从而逐步发展成自己的学科体系。日本每年举办一次人体工效学会议,该学会从服装、环境、护理、测量、航空等多方面进行研究,研究人员包括心理学家、医生、设计师、生物学角和社会学家。日本研究所人员把人体看作是一个系统,包括体内平衡、适应性、同步性、系统平衡性、情绪对系统的影响性,力图研究出一套技术手段以提高人本身的能力。

二、国际人体工效学学会

国际人体工效学学会简称IEA(The International Ergonomics Association),也译作国际人类工效学学会,成立于1960年。1961年在瑞典斯德哥尔摩举行了第一届国际人体工效学会议。发展至今,该联合会已经有20多个分会,在30多个国家成立了专门的机构。国际人体工效学学会每三年举办一次国际学术交流会,包括德国、波兰、美国、日本、荷兰等13个国家。其中1982年8月在日本东京举行的第8届会议,参加者达800余人,我国学者也首次应邀参加了这次会议。

三、我国人体工效学研究的团体和主要活动

我国对人体工效学的研究开始于20世纪50年代,从机械和纺织行业进行工作环境等方面的研究。目前在我国主要有三个协会从事人体工效学的研究:环境控制、生保与救生协会、人机与环境工程协会。

第四节 人体工效学的主要研究内容和方法

一、人体工效学的主要研究内容

1. 人体形态的研究

研究重点是人体形态特征参数(静态和动态)、人的感知特征、人的反应特征以及人在劳动

中的心理特征。经研究表明，人体的工作主要有三种类型：肌肉工作、感知工作和智能工作。

现代化机器装备的使用，不仅仅在于替代肌肉工作而延长人的体力，还在于设法代替人的感知和智能工作。事实上它已经承担了部分人的脑力劳动。但是实践证明，无论效率多么高的机器装备，它如果不能适应人的生理和心理特性就不会得到应有的效果。同理，一个现代化生产系统，要发挥其效能，也必须适应人的生理和心理特性。因为，在生产系统或生活系统中，总是人与机器设备和环境条件构成一个有机的综合体。在这个综合体中，人是主体。尽管电子计算机的应用，使人的智能工作部分地得到代替，但感知方面，机器设备代替人的功能还是比较困难的。即使随着科学技术的发展，机器设备完全能够代替三方面工作，但还存在人把人的各种心理特点转移给机器设备的问题。这就是说，人始终是有意识地操纵机器和控制环境。这种关系决定了机器的设计、环境条件的控制必然适应人的特性。

工效学把“人—机—环境”作为整体来研究，从而打破了工程学、心理学和生理学从各个侧面进行研究的惯例。因此，工效学的主要任务是对“人—机—环境”综合体进行系统的分析研究，用人类创造的科学技术为这一综合体建立合理又可行的实用方案，从而使人获得舒适、安全、可靠的环境，力图提高人本身的能力，并有效地发挥人的效能，从而达到提高工效的目的。根据这一主要任务和目的，工效学的研究范围大致有以下几个方面：

(1) 研究各种产品(包括各种工具、机器、交通工具、家庭用具、生活服务设施等)所应遵循的工效学标准。

(2) 研究人和机器的合理分工及其相适应的问题。通过对人和机器潜力的分析对比，探讨人的反应、动作速度、动作范围与准确性的关系，人的工作负荷、能量消耗、疲劳因素与工作可靠性的关系等，寻求最优方案。但是，随着新技术和新机器的发展变化，必然会使人在“人—机—环境”系统中的地位和作用发生变化。因此，在采用新技术或设计新机器时，一方面必须根据人的生理心理特点，按照“人本中心主义”原则，使机器操作系统适应于人；另一方面，要改变人的训练方法和水平，达到既创造适宜的操作条件，又追求工作效率的目的。

(3) 研究人与被控对象之间的信息交换过程，以及人如何进行信息加工和处理并采取决定的过程，探求人在各种操作环境中的工作成效问题。例如，对感知觉方面的彩色视觉、信号觉察、字形辨认、图形识别、时间知觉、时间估计的研究；人使用计算机的工作成效及其影响因素，系统反应时记忆负荷对问题解决行为的影响的研究；掌握人的生理过程和心理过程的规律性，确定如何发挥人的效能问题。

(4) 研究人对环境机制的心理生理反应，确定合理调节和控制物理环境的手段，为人创造舒适、安全、健康的劳动环境。例如，人对噪声的反应、评价和防护；对空气污染的反应、评价和防护；对工作环境的气候的反应、评价和改善以及对工作环境的综合治理等问题的研究。

(5) 研究“人—机—环境”系统组织原则，根据人的生理心理特征，阐明对机器、技术、作业环境和劳动轮班与休息制度的要求。例如，在“人—机—环境”系统中如何进行作业的空间布置，实行何种轮班制度等，才能使操作者感到舒适，并能提高工效。

2. 机械装置类的研究

研究内容包括使人能够正确而迅速地获得知觉的测试仪表、警报、信号，尤其是计算机与人的信息交换方式与传输途径，以及使人能够正确地进行操作的控制装置。

3. 作业环境的研究

这方面的研究主要是指工作场所、办公室等室内照明方式，温度、湿度、防止噪声的措施等与工作效率和劳动疲劳有关的问题。

二、人体工效学的主要研究方法

1. 观察法

为了研究系统中人和机器的工作状态，多采用观察法。观察法是通过观察、记录实验对象的活动行为和规律，然后进行分析。其技巧在于观察者能客观地观察并记录被调查者的行为而不加任何干扰。观察法可以让被调查者事先知道被调查者的内容。观察可以公开地址，也可以秘密地进行。采用的形式取决于调查的内容和目的，有时还借助摄影或录像等手段。

2. 实测法

实测法是借助仪器进行实际测量，如测量人体各部分静态和动态数据。这是一种借助器械设备进行实际测量的方法，常用于人的生理特征方面的调查研究。例如，为了设计操作面，需要确定手臂的活动范围，可以将人群按一定年龄分组并选取一定的样本进行测量，以此作为设计机器装置操作面和操作空间布置的依据。

3. 实验法

实验法是在设计的环境中测量实验对象的行为或反应的一种方法。人的行为或反应往往由许多因素决定，如果能够控制某些主要因素，就会使我们更好地理解实验对象的行为表现。例如，有观察者对仪表数值的误读可能会与仪表显示器的指针大小、表盘颜色、表盘形状、观察者的心情、观察距离、疲劳程度等有关，因此可分析表盘的形状、亮度、指针等可控制的因素对数值准确率的影响，从而设计出可靠的操作条件。实验中对变量的控制可分为单变量实验和多变量实验。对于多变量实验而言，需要运用统计学的方法把各种效应的影响区分开来。

4. 模拟和模型法

模拟和模型法是应用各种技术和装置的模拟，对某些系统进行逼真的试验，可得到所需的更符合实际的数据的一种方法。

5. 分析法

分析法是运用数字和统计学的方法找出各变数之间的相互关系，以便从中得出正确的结论、发展有关理论或对时间和动作进行分析研究的一种方法。

6. 调查研究法

人体工效学的工作者还常采用各种调查研究方法来抽样分析操作者或使用者的意见和建议。

7. 询问法

调查人通过谈话的形式与被调查人谈话，了解被调查人对于某一环境的反应。如果希望利用询问法获得很好的结果，那么这取决于谈话双方之间是否建立了友好关系。调查人对所调查的事情需要采取中立的态度，但同时又必须对被调查人热情关心。这种方法能够帮助被调查人整理思路。

第五节　人体工效学的研究方向和学科体系

一、近期国内外人体工效学研究方向

1. 人体工效学与尖端技术

包括飞机驾驶舱的设计、宇航员在太空中的生活和工作等问题。

2. 工作环境的研究

包括各种工作环境条件下的生理效应，以及一般工作与生活环境中振动、噪音、空气、照明等因素的人机工程学的研究。

3. 信息显示的人机工程学问题

特别是计算机终端显示中人的因素研究。

4. 人体工效学与电子计算机

这方面的研究包括屏幕显示的设计、键盘的设计、计算机工作室的布置等。

二、人体工效学的学科体系

人体工效学是一门综合性很强的边缘学科，它处于许多学科和专业技术的接合点上，它与工程技术学科、生理学、心里解剖学、人体测量学、环境科学、环境科学、信息科学、管理科学等都有密切的联系。图 1-5-1 表示了人体工效学与环境科学、人体科学之间的关系。

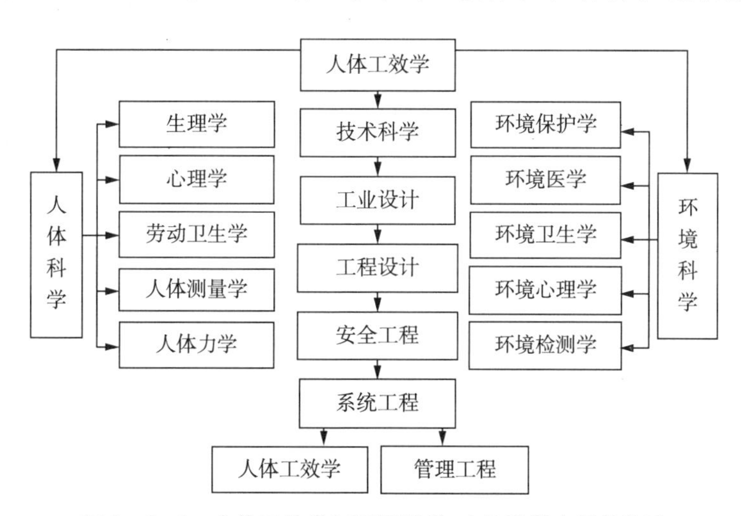

图 1-5-1　人体工效学与环境科学、人体科学之间的关系

第六节　服装人体工效学概述

一、服装人体工效学的概念

从原始状态的动植物材料遮体，到当今高科技时代的温控变色衣、保洁卫生服、呼吸型风

雨衣等等，可谓缤纷万千、层出不穷。人们对于服装的创造、开发不断创新，均出于一个共同的目的与动机，即让服装更好地为人类服务，更精心地包装自己，服从人的需求，更科学、便利、卫生、安全、舒适且有效地支配服装行为，使“衣服适应人”。

服装人体工效学研究的是“人—服装—环境”系统，其研究内容见图 1-6-1。

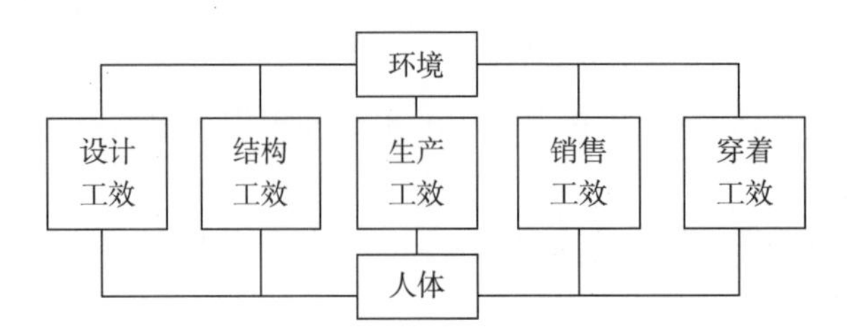

图 1-6-1　服装人体工效学的总体结构

目前服装人体工效学的定义还没有一个统一的说法，但我们可以借鉴人体工效学的定义和研究内容来对服装人体工效学的概念作一个说明：服装人体工效学是运用人体生理学、心理学、服装材料学、环境科学等学科的知识来设计和制造服装，以使服装最大限度地适合人的生理和心理需求，从而使人、服装和环境的配合达到最优状态。服装满足人体的需求主要体现在以下几个方面：

(1) 舒适感和满意。服装不仅能御寒和装饰形体，更主要的是还要使人穿着舒适和满意，不合理的结构、材料、尺寸都难以达到满意的程度。

(2) 有益健康。人体的健康受服装的影响是显而易见的，如服装的压力不能超过人体的承载力。

(3) 安全性。服装的安全性有两层内容：其一是服装在非安全因素的环境中要有安全警示作用；其二是生活服装的安全因素渗透于设计之中。服装人体工效学的重点应在研究服装设计、穿着设计造型、量体裁衣的结构设计、服装配套穿戴等方面。

总之，服装人体工效学是一门以人为主体、服装为媒介、环境为条件的系统工程，研究人、服装与环境相关的诸多问题，以使它们之间达到和谐匹配。现代的服装概念是一个“大服装”概念。它已不是简单的遮体的含义，而是社会文明、社会技术水平进步的表现，是一个系统工程的概念。它与人体工效学有着极为相似的学科属性，是新兴的、交叉的、综合的边缘性学科。应用人体工效学的技术、方法、理论对解决服装业出现的问题具有现实指导意义。

二、服装人体工效学的主要研究内容

人体工效学又称人机学，是研究人类在生产或在操作时使用的精力或施用的力如何被应用得适度的一门学问。它又是一门新兴学科，在我国发展还不成熟，在发展过程中应该借鉴人体科学、心理学等相关学科的研究方法，并集合服装学科自身的特点，逐步建立和完善研究方法体系。

1. 服装人体工效学的学科研究特点

1) 突出系统的整体性

人、机、环境是人机学系统组成的三大要素，总体性能不仅与各组成要素的单独性相关，又与系统同三种要素之间信息的传递、加工和控制等相关。这就需要借助系统工程科学寻找它们的最佳组合方案,以使系统整体性能达到最佳状态。

2)单项因素的研究是系统研究的基础

对于人体工效学来说,系统中的每项因素都对整体造成一定影响,因此要对各要素进行更加细致的研究,这样才能使整个系统的运作更加稳定。

系统中包含着三类层面关系:第一类是人与衣服层面、人与着装层面、人与环境层面;第二类是衣服、着装、环境三者之间层面,即衣服与着装层面、衣服与环境层面、着装与环境层面,这一类层面对人的作用较为间接;第三类层面是系统组成的内部层面关系,体现为衣服与衣服层面、着装与着装层面、环境与环境层面、人与人层面。服装人体工效主要研究第一、二类层面中人与衣服、着装、环境之间的层面关系。

2. "人—服装—环境"系统研究的内容

从总体上说,服装人体工效学作为人类工效学的一个分支,其研究内容涉及人、服装以及生活和工作环境三个方面。"人—服装—环境"这一系统概括起来主要包括以下七个方面:

1)人类身体特征的研究

人体具有耗散结构的特性,人不仅要维持生命,还要维护社会生活,进行工作、运动和交际,需要与外界进行能量与物质的交换、信息的交流与反馈。人体特征的研究主要包括人体的基本结构、运动系统、新陈代谢、人体机能调节、人的工作能力、人的基本素质、人的体力负荷、人的智力和心理负荷、人的可靠性研究、人的数学模型(控制模型和决策模型)研究、人体测量技术研究以及人员的选拔和训练研究。

人体测量学是人类学的一个分支,主要是用测量和观察的方法来描述人类的体质特征状况,包括骨骼测量和活体(或尸体)测量。它的主要任务是通过测量数据,运用统计学方法对人体特征进行数量分析。通过活体测量,确定人体的各部位标准尺寸,为工业、医疗卫生、国防、体育和服装等领域提供基础性的参考数据。在服装工效学领域,人体测量学包括人体几何尺寸的测量、生理指标测量及心理测量三个方面。人体几何尺寸的测量为人体体型的分类、服装号型标准的制订、服装的加工提供参考数据;生理指标测量包括测量人体的代谢产生的热量、体核温度、平均皮肤温度、出汗量、心率等,研究人体的舒适指标、耐受限度等,为科学地评价服装提供理论指导;心理测量则是通过主观感觉评价的方式,测量人体的某些方面主观感觉等级。

人的生存是建立在活动的基础上的,围绕人的活动,就要研究人在站、坐、行走、跑步等运动时必要的姿势与服装的结构设计。

2)环境特征的研究

人类在生存、生活和运动中将会受到各种环境因素影响。以飞行员和航天员为例,他们在整个飞行中会受到影响的环境因素见表1-6-1。这些因素的存在表明航空航天飞行环境的特殊性与严峻性。环境特征的研究,包括对自然环境(大气、气候、季节、地域等)的检测、控制和模拟的研究;对社会环境的经济、文化、政治、科技、学术思潮、人们的生活方式等的研究;对个人的需求、兴趣、爱好、价值观、审美观、社会地位等的研究。

表 1-6-1 飞行员和航天员的穿着环境因素

服装类型	穿着地点	环境条件
飞行员服装	舱内	常态(超重、噪声、振动、低压、高温或低温) 应急(低压、缺氧、加压供氧、污染、爆炸、减压)
	舱外	高速流吹袭、碰撞、低压、缺氧、加压供氧、低温
	非密封舱内	噪声、振动、高温或低温、缺氧
航天员服装	舱内	常态(失重、辐射、噪声、有岩物质、压力波动、偶尔高温)
		应急(低压、高氧、缺氧、高温、低温、快速减压)
	空间与天体上	航天服内环境(纯氧、高温高湿、有害气体)
		外部环境(真空、太阳辐射、宇宙线、热尘、微派尘)

3) 服装的特征研究

服装既是保护人体、维护健康、美化人体的生存与生活的必需品,又是人与环境交换的中介,与人们物质生活和精神生活息息相关。服装本身亦是复杂的结合体。服装性能的研究主要包括服装的款式、结构、造型、色彩,服装应具有的基本功能及其评价,服装材料性能及其选择,服装热阻、透湿指数、蒸发散热及其测定等等。对服装各种特性的要求,其重要程度是视服装的种类、用途而异的。随着消费者的生活水平、年龄等有大幅度地变化,民族性格的不同,服装也有很大的差别。服装都必须保障具有最基本要求的商品质量。

4) 服装与环境之间关系研究

围绕服装与环境的关系,进行服装材料的研究。同样的款式由于不同面料的透气性、保暖性、散热性、耐酸碱性、缩水性、抗皱性而不同;同种材料由于织造的方式、印染的方法不同,其耐磨性、伸缩性、耐洗性、悬垂性不同,对人体穿着的舒适程度及人与环境的关系影响很大。人们为适应工作环境的要求,还研究制造一些特殊用途的服装材料,如带电作业的服装,其面料就带有防护作用的金属丝。

5) 人与环境之间关系研究

围绕着人体及服装的存在环境,研究环境对人体作用的温热条件要求及人体卫生等。其温热条件有温度、湿度、气流、辐射热等物理因素;考虑皮肤或粘膜侵入的化学因素,有微生物寄生等生物因素;还有心理上的社会性因素。各种因素组合作用,就构成环境卫生学、服装卫生学的研究内容。

围绕人与环境的关系,进行服装色彩的研究。服装造型艺术十分讲究形、光、色的形式美,其目的就是为了通过视觉系统,给人以不同的影响,使穿着者适应环境,获得赞誉,从而达到身心愉悦的目的。由于色彩是光刺激人眼并传到大脑的视觉中枢而产生的感觉,因而就有着科学的(客观的)因素和感情的(主观的)因素。这一方面要从光谱进行分析研究,研究不同色彩环境下对人引起的不同反映;同时也要研究民族的色彩喜好和社会象征意义。研究人们在什么时间、什么季节、什么场合下穿着什么色彩的服装使人的对比感、数量感、位置感、形状感、运动感得以增强,怎样搭配会给人以和谐、清新、丰富、条理而不是生硬、杂乱、破碎等感觉。利用这些研究成果,可以设计或穿出能弥补人体缺陷的服装,使人变漂亮。

6) 人与服装之间关系研究

直接与人发生关系的服装(成衣),在决策、设计、制造中首先要考虑人的因素,与人的身心特性相匹配,能够通过衣服使人在精神上得到人性的释放,肌体上满足于体贴、舒适、卫生便利。例如泳衣的特性必须设计成适合四肢大幅度的运动,否则,衣服就会影响运动成绩的提高。生活中许多不尽人意的服装设计都是由于衣服界面设计与人的身心不匹配而造成的。例如,未经免烫整理的棉纤维衬衣,每次洗涤后形态呈皱折状,要想获得平整必须烫熨,会增添很多工作量。同时,皱折的表面也会使人心烦意乱。许多服装系统中的衣服制造者在制造过程中也许尽心尽力,而对人在穿用时会发生什么问题却考虑较少,人与服装的层面提出这个必须重视的问题。

7) "人—服装—环境"系统总体特征研究

服装人体工效学不仅仅是关注于个别要素的优良与否,而是合理地利用各要素之间的有机关联、科学地利用各要素之间的有机联系,使系统的整体功能性能和效果达到最佳。服装人体工效学这一系统是把人、服装、环境三者的整体看作是一个完整的大系统,人、服装、环境三者则是这个大系统中的相对独立的子系统。还有服装的嗅觉、听觉、味觉三种审美功能,早期虽已有萌芽迹象,但限于相应生产技术,尚未能支持它们得以进入发育阶段,今后尚需作进一步的努力。

适合人体需要的第一标志是舒适感与满意。服装不仅能御寒与修饰形体,舒适、满意是更高的境界,不合理的结构及不匹配的材料、尺寸,均难以达到舒适状态。例如,我们主张女性夏装的连衣裙少用腰带,目的是增加空气上下对流的可能,使散热排汗更畅通;内裤材料以棉纤维与莱卡弹性纤维(混纺、加上抗菌保洁处理最佳,既有卫生性又有矫形性。)适合人体需要的第二标志是有益健康。人的健康受服装的影响是显而易见的,服装的压力不能超过人体的承受力,紧身牛仔裤、橡筋腰带、袜口,对青年人的发育及皮肤的呼吸均不合乎卫生学指标。进行服装适合人体的优化工作,必须消除这些有害健康因素,至少把它们限制在不致危害着装者健康的最低限度以适合人体需要的安全性。服装安全有三层含义:其一是服装在非安全因素的环境中要有安全警示作用,如警察与高架工作人员的防弹内衣,以及适用于战场的安全色与反光标识。其二是生活服装的安全因素渗透于设计之中,如婴幼童的服装切不可使用金属拉链。其三是高效能。适应人体需要及系统优化与服装效能有密切关系,服装同样存在低成本、高产出、效益佳的竞争要求。例如,20 世纪四五十年代杜邦推出的尼龙材料独树一帜;德国某公司研制的"呼吸型面料"由于既透气又防雨又成为欧洲高档风衣的象征;国内开发的"南极棉",既保暖又吸汗,冬季能够以一当十,从而使人们行动更加便捷轻巧,改变臃肿的外观。

服装人体工效学是一门以人为中心、服装为媒介、环境为条件的系统工程学科,研究服装、环境与人相关的诸多问题,使它们之间达到和谐匹配、默契同步。

三、服装人体工效学应用概况

人体工效学的历史(从这个词的出现)不过四五十年,而服装人体工效学更是新兴的学科,只能隐约地找出人们追求人与服装工效关系匹配的例证。1913 年由瑞典人杰德伦·松贝克发明拉链，开始仅用于钱袋与靴子的扣合，直到1917年配有拉链的飞行服被投入使用。经过几十年不断完善，现在人们不仅能按布料的厚薄或款式的风格来选用各种类别的拉链，如“开尾型”用于茄克，“封尾型”用于口袋，“隐型式”用于薄型裙装。同时在材质上开始注意与人体要求协调，比如金属类用于质地厚的外套，树脂类用于薄质地的夏装。从裁制方法来看，西洋女裙走过了以活人体摆设到现代用“人台”（人台亦称胸模，有软、硬体之分）来分割结构空间。“人台”具有人体形状标准化特性，建立在人体统计学与测量学的基础上，可直接供立体裁剪及试装，省工省力，并且效能与尺寸准确性获得提高。在材料方面，1921年问世的人造丝(Rayon)及1938年尼龙的诞生，为后来的大型合成纤维工业奠定了基础，并使服装成本大大降低。

随着人类社会文明的进步，生活中服装人体工学的应用比比皆是。服装人体工学讲求在设计中为人提供“帮助”，为设计中“人的因素”提供人体尺度参数，体现其设计目的是为人而不是为产品。在设计中，需要考虑为“产品或物品”的功效提供科学依据，也要考虑为“环境因素”提高设计标准。只有考虑到人体工效学对设计科学的作用，才能达到设计中方便、舒适、可靠、安全、价值、效率、卫生与环境的要求。

2008年北京奥运会，菲尔普斯破纪录的独揽8枚金牌而震惊世界。一方面得益于他自己的游泳天赋，另一方面得益于Speedo(鲨鱼皮)游泳衣的帮助。鲨鱼皮第四代泳衣专门进行了CFD实验，并在风洞里通过了表面摩擦力测试。CFD是计算流体动力学的英文简称，它与风洞通常被广泛地应用在航空领域。为了减少静态水阻，科研人员采用一种模仿鲨鱼皮的材料，通过无缝拼接技术制作，泳衣完全紧贴在人体上，没有一处缝合处，第一代鲨鱼泳衣出现在2000年的悉尼奥运会中，成为备受瞩目的发明。到2004年的雅典奥运会前，Speedo公司又推出了第二代鲨鱼皮，其在第一代的基础上面料的表面又加上颗粒状的小点，进一步减少水阻。根据统计，当年游泳奖牌得主，都是穿Speedo泳衣，15人中有13人创造过泳坛世界纪录。新研制的第二代鲨鱼泳衣，可减少4%的水流阻力，号称是世界上最快泳衣。鲨鱼皮第四代采用更优异的极轻、低阻、快干性能脉冲面料，包含了美国宇航局提供的航空科技，并因此被称为“太空泳衣”。在脉冲主材质的表面还覆盖着一层聚亚安酯材料，这种材质可以为运动员提供更大的浮力。为了配合聚亚安酯增大浮力的作用，鲨鱼皮第四代还采用了无缝拼接的技术，在泳衣的胸部、腹部和大腿外侧加上特别的镶条，令水流更顺畅地通过泳衣表面。鲨鱼皮四代号称是全球第一款无缝泳衣。为了更好地帮助运动员在水中节省体能，鲨鱼皮第四代的腰部增加了类似腰封的设计，这样不仅可以帮助运动员在水中将最佳姿势保持的时间更长，还可以帮助运动员节省不少体力。而泳衣背后的拉链也被安排在后腰最低的位置，这样可以把由拉链带来的水阻降到最低。

四、服装人体工效学的未来

服装人体工效学在国内还是初兴时期，设计师与创造群体对此学科内容的了解和应用还很不够，从现状来看，要改变设计单纯追求形式美的思维模式，还任重而道远。

表 1-6-2 服装人体工效学思想引入前后对比

角度	思想引入前	角度	思想引入后
看	注重形式，吸收与表现某种艺术风格，展示时尚与潮流，形式感强，主观，热闹，花俏	穿	包含看的内容之外，结构设计更加科学、合理，有助于肢体的运动，符合生理卫生要求，符合人的生理、心理指标，便于活动，价格合理，保养方便
表演性	服装的表演性是指在舞台上供人观赏，展示服装的特点	实用性	包含表演性的内容，注重服装与环境、空间一致，造型与装饰风格具有引导性能够引起广泛认同，安全可靠

如表 1-6-2 所示，通过服装人体工效学思想引入前后对比，可以看出人体工效学的价值。对比中的“看”与“表演性”多于“穿”和“实用性”，这是服装设计界的客观现状。所以，从服装人体工效学的角度出发，从整体上去分析各个子系统的界面关系，再通过对各部分相互作用与联系的分析，来达到对整体系统的认识。人—服装—环境系统是一个动态开放系统，社会种种因素及人的种种因素，制约着服装系统中各个要素及其相互关系。只有获得各要素之间的最合理配合，才能取得最佳效能。

随着数字化时代的来临以及社会生产自动化水平的提高，人的工作内容、性质、方式也会发生很大的变化。由人直接操纵实施的工作将由计算机来代替，人的作用从操作者变为监控者。瑞士日内瓦大学及瑞士联邦技术学院推出的“GCAD”，能在电脑上通过三维系统获得服装穿着效果的检验，由于三维图形可 360°旋转，使人们可以从多角度来观察服装款式，在不同替换环境、不同光源位置、不同色彩调配的效果，这个先进的设计手段与设计理念预示着服装人体工效学的未来。

第二章 人体体型与服装

人体是一切服装设计的载体，人体的体型是服装造型的基础，历来人体测量都是以人体体型为对象进行的。因此，掌握人体体型、人体测量等相关理论知识尤为重要。本章主要从人体基本构成来介绍人体的特征，进而对人体体型进行分类描述。同时介绍了传统人体测量方法、三维人体测量方法，以及人体测量的标准。

第一节 人体的特征

一、人体构成

人体的构成，是指以骨骼、关节、肌肉等在人体各个局部构成的一个完整的有机统一体，是左右对称的形式，并在运动的不同时空中以骨骼为杠杆、关节为枢纽、肌肉收缩为动力而形成繁复的多变人体形态。

1. 骨骼

骨骼分布于人体全身，成年人体一共有206块骨骼，起到支撑身体、保护内在器官和适应运动的作用。骨骼为肌肉提供连接面，透过关节，协助肌肉产生运动。骨骼也为内部软组织结构提供保护。图2-1-1为人体骨骼分布图。

骨骼按照形态可分为长骨、短骨、扁骨、不规则骨等。其中，长骨分布于人体的四肢，完成人体大幅度运动；短骨分布于手腕、足踝部，承受较大压力；扁骨主要分布于颅腔、胸腔、盆腔，保护脏器；不规则骨分布于人体的脊柱，有支撑保护、造血机能。骨骼按照部位分类如图2-1-2所示。

2. 肌肉

肌肉主要是由肌细胞构成。肌细胞的形状细长，呈维状，故肌细胞通常称肌纤维。人体中总共有600多块肌肉，占人体总重量的40%左右，其构成形态与发达程度影响人体体形，与服装的造型关系密切。

人体的肌肉按照其结构和功能的不同可分为平滑肌、心肌和骨骼肌三种。人体的肌肉要注重观察骨骼肌，它的收缩活动影响着人体运动器官的变化。骨骼肌分布于头、颈、躯干和四肢，通常是附着在骨骼上的。骨骼肌是运动系统的动力部分，在神经系统的支配下，骨骼肌收缩，牵引着骨骼，进而产生人体的运动。平滑肌主要构成内脏和血管，具有收缩缓慢、持久、不易疲劳等特点。心肌构成心壁。平滑肌和心肌都不随人的意志而收缩。

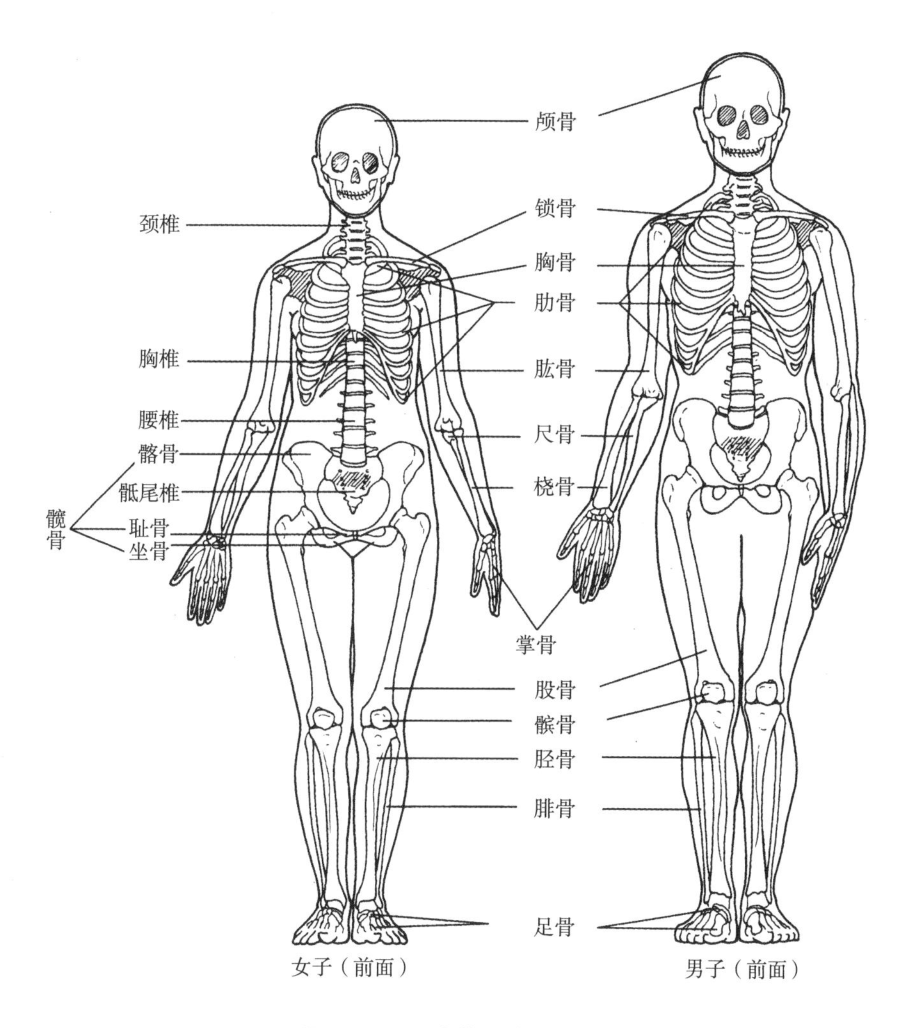

图 2－1－1　人体骨骼分布图

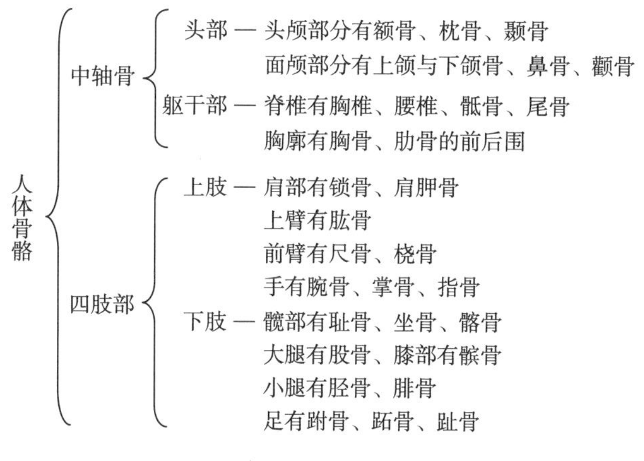

图 2－1－2　骨骼分类图

肌肉组织的运动形式是“收缩和放松”，其具有良好的延长性和弹性，外力作用下可以被拉长，外力解除后肌肉可以收缩回原状。织物所要求的压缩弹性与回复力就是为它匹配服务的。肌肉还具有兴奋性与收缩性，受到刺激能产生兴奋，兴奋到一定程度就会产生收缩。

3. 关节

人体各种形式的运动基本上都是由关节运动产生的。关节是指两骨或多骨间连结一起并且能够活动的部位。关节由关节软骨、关节囊和关节腔三部分组成，是人体各个肢体灵活运动的关键所在。

关节的类型按照运动方向的位数可分为单轴关节、双轴关节和多轴关节；按照关节的几何形态可分为蝶状关节、车轴关节、平面关节、鞍关节、椭圆关节、球关节。

关节的运动形式基本上分为：

① 屈伸运动。关节在矢状面内绕关节冠状轴所进行的运动，其中关节向前的运动为屈、向后运动为伸，但膝关节和踝关节除外。

② 收展运动。关节在冠状面内绕矢状轴所进行的运动，关节末端远离身体正中面的运动向外展，靠近身体矢状正中面为内收。

③ 旋转运动。关节绕垂直轴在水平内的运动，其中由前向内侧的选装为旋内或旋前，由前向外侧旋转为旋外或旋内。

④ 环转运动。关节绕两个以上基本轴以及它们之间的中间轴作连续的运动。

4. 皮下脂肪组织

皮下脂肪组织分为储存脂肪与构造脂肪。储存脂肪遍布人体全身，组成人体皮下脂肪层，形成人的外形和性别差异。构造脂肪与关节的填充有关。

皮下脂肪层与人体的外形紧密相连，使人体体表圆顺柔软，使其产生皮肤的滑移。它是服装结构方面必须考虑的因素。

二、人体体型特征

人体的外轮廓是一个复杂的曲面体，服装是包裹人体的第二层皮肤，想要把二维平面材料做成适合人体三维曲面的服装，就需要将平面材料进行裁剪和分割，剪开的部分就可作为收省设计的依据，在考虑了一定的舒适量和装饰功能以后，所得到的平面几何图形就是服装衣片。为了使服装和人体适合，就必须了解人体的体型特征，掌握各种不同体型的数据资料，以此为依据进行服装的结构设计工作。

1. 人体体型分类

人体体型在人的成长过程中是在不断发生变化的，其变化受到生理、遗传、年龄、职业、健康状况和生长环境等多种因素的影响。人体体型大体有以下几种分类方式：

1）从整体体型上划分

我国根据胸腰差将人体划分为 Y、A、B、C 四种类型，详见表 2－1－1。其中 Y 型体为瘦体，A 型体为标准体，B 型体为较胖体，C 型体为胖体。

表 2－1－1　男、女体型分类

体型分类	Y	A	B	C
男体胸腰差(cm)	17～22	2～16	7～11	2～6
女体胸腰差(cm)	19～24	14～18	9～13	4～8

(1) Y 型体：身材瘦高，体重较轻，骨骼细长，皮下脂肪少，肌肉不发达，颈部细长，肩窄且圆，胸部狭长扁平。

(2) A 型体：指身体的高度与围度比例协调，并没有明显缺陷的体型，是人体测量对象的标准体。

(3) B 型体：身体矮胖，体重较重，围度相对身高大，骨骼粗壮，皮下脂肪厚，肌肉较发达，颈部较短，肩部宽大，胸部短宽深厚，胸围大。

(4) C 型体：身体肥胖，体重超重，脂肪层厚，肌肉不发达，肚腹突出，腿部粗壮。

2) 从身体部位形态分

(1) 从人体的胸背部形态分可将人体划分如下：

① 挺胸体：胸部挺起，背部较平，胸宽尺寸大于背部尺寸。在正常体中，一般胸宽尺寸小于背宽尺寸，这在结构设计中应该特别注意。

② 驼背体：背部圆而宽，胸宽较窄，由于身体屈身，往往在穿正常体的服装时，会引起前长后短。

③ 厚实体：身体前、后厚度较大，背宽与肩宽较窄。

④ 扁平体：身体前、后厚度较小，是一种较干瘦的体型，常伴以肩宽较大。

⑤ 鸡胸体：胸部中间部位隆起，一般伴以肩平、体瘦。

(2) 从人体的腹部形态分可将人体划分如下：

① 凸肚体：包括腹部肥满凸起及腰部肥满凸出两种。

② 凸臀体：臀部隆起状态较正常体大，多见于肥胖体。

③ 平臀体：臀部隆起状态较正常体小，多见于瘦体。

(3) 从人体的颈部形态分可将人体划分如下：

① 短颈：颈长较正常体短，肥胖体和耸肩体型居多。

② 长颈：颈长较正常体长，瘦型体和垂肩体型居多。

(4) 从人体的肩部形态分可将人体划分如下：

① 耸肩：肩部较正常体挺而高耸。

② 垂肩：与耸肩相反，肩部缓和下垂。

③ 高低肩：左、右肩高不均衡。

(5) 从人体的腿部形态分可将人体划分如下：

① X 型腿：腿型呈外弯曲的形状。

② O 型腿：腿型呈内弯曲的形状。

2. 不同性别、年龄层人群的体型差异

1) 青年男、女体型差异

男、女体型差异主要是表现在躯干部位，主要由骨骼的长短、粗细和肌肉、脂肪的多少引起。男性体骨骼一般较为粗壮且突出，而女性体骨骼较小且平滑。男性体肩部较宽，肩斜度较小，锁骨弯曲度大，外表显著隆起，胸部宽阔而平坦，乳房不发达，腰部较女性宽，背部凹凸明显，脊椎弯曲度较小。女性体肩部较窄，肩斜度较大，锁骨弯曲度较小，胸部较狭而短小（青年女性胸部隆起且丰满，随着年龄增长和生育等因素的影响，乳房会增大，并逐渐松弛下垂），腰部较窄，臀腹部较浑圆，背部凹凸不明显，脊椎骨弯曲较大，尤其站立时腰后部弯曲度较明显。

2）老年体

老年人的体型随着生理机能衰弱，部位关节软骨萎缩，两肩略下降，胸部外形也变得扁平，皮下脂肪增多，腹部较大且向前突出，松弛下坠，脊椎弯曲度增大。

3）儿童体

儿童体型处在生长发育阶段，变化明显，但在不同阶段其变化情况也有差异。幼儿期（1～6岁）：胸部小于腹部，胸部较短而阔，腹部圆、突出，背部较平坦，肩胛骨显著，中腰部位不明显，整个体型呈圆滚状态，男女无明显区别。学童期（6～12岁）：男、女之间在体型和性格上都逐步出现差别。这一阶段的体型变化规律为腰围增长缓慢，腰围和臀围的增长相对较快，逐渐显现出躯干曲线。中学生期（12～15岁）：这一阶段是向成年体型转变的一个重要阶段，也可以说是人体的定型阶段。此阶段女性的胸部和臀部日渐丰满，变化最大，腰部的变化仍较缓慢，躯干的曲线日趋完美，皮下脂肪丰厚，逐渐发展成脂肪型体型；男性的身高和胸围具有大的增长，肩宽和胸部增宽，骨骼和肌肉的发育较快，但男性的皮下脂肪层厚度远不及女性，发展成肌肉型体型。

第二节　人体测量

人体测量是通过测量人体各部位的尺寸来确定个体之间和群体之间在人体尺寸上的差别，并用以研究人的形态特征，从而为工业设计、人机设计、工程设计、人类学研究等提供人体基础资料。对于服装业来说，人体测量是服装人体工程学的重要组成部分，在服装基础理论研究及服装产品开发中起着重要的作用。

一、人体测量方法

1. 传统人体测量

传统的人体测量学源于人类学的研究，主要研究人体测量和观察方法，并通过人体整体测量与局部测量来探讨人体的特征、类型、变异和发展规律。传统的人体测量方法繁琐而复杂，主要是人体各个基准点之间距离的测量，测量的工具也相当完备，常用的有直脚规、弯脚规、人体测高仪等30多种。传统的人体测量方法主要是利用测量工具，依据测量基准对人体进行接触测量，可以直接测出人体各部位竖向、横向、斜向及周长等体表面长度。其方法简便、直观，使用工具简单，可以获取较细致的人体数据，因此在服装业被长期使用。常见的传统人体测量工具如图2-2-1所示。GB/T 5704—2008《人体测量仪器》分别对人体测高仪、人体测量用直角规、弯脚规的结构、技术要求、操作规程等设置了相应的标准，如图2-2-2～图2-2-4。

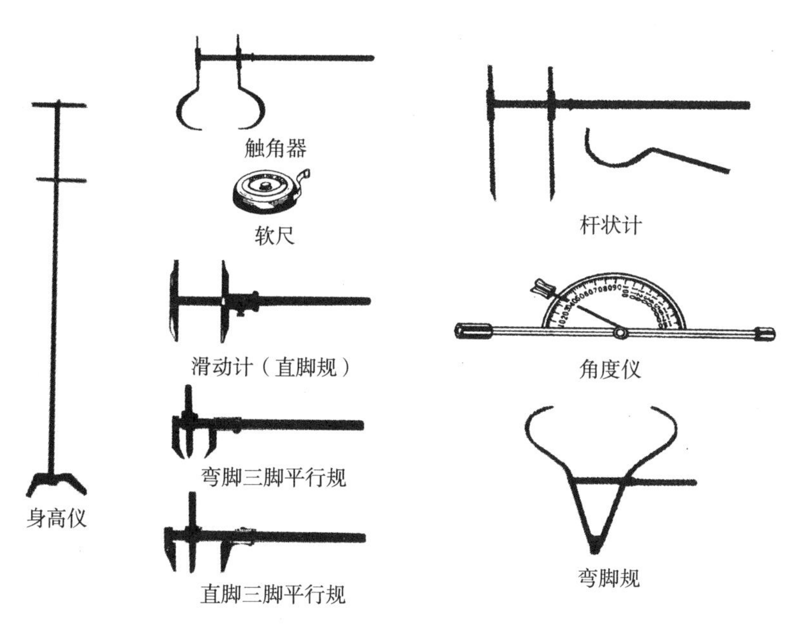

图 2－2－1 传统人体测量工具

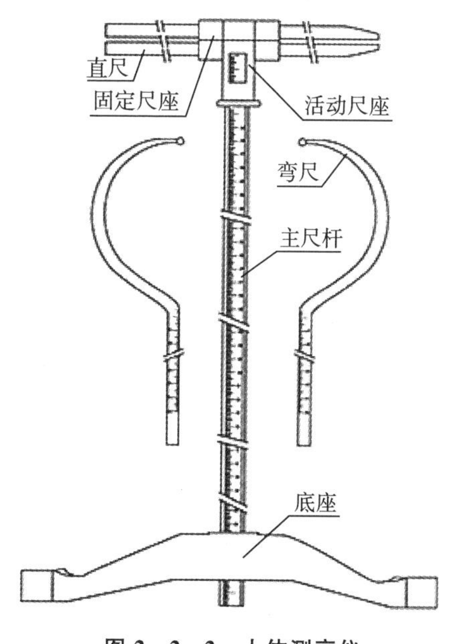

图 2－2－2 人体测高仪

1）传统测量的主要工具

（1）软尺：质地柔软，伸缩性小，是扁平状的测量工具；软尺尺寸稳定，长度约为 150 mm，用毫米精确刻度。软尺主要用于测量体表长度、宽度，是最常用的测量工具。

（2）角度仪：刻度用度表示的测量工具。能够用于测量肩部斜度、背部斜度等人体部位角度。

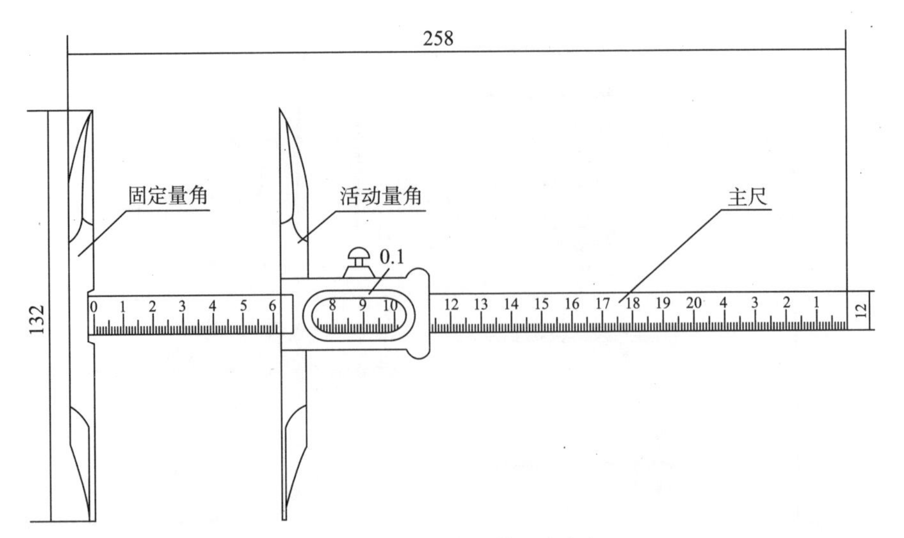

图 2-2-3 人体测量用直角规

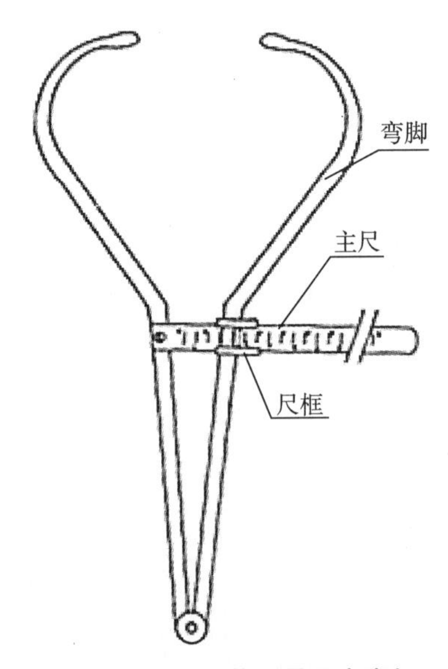

图 2-2-4 人体测量用弯脚规

(3) 身高仪:身高仪由一个用毫米刻度且垂直安装的管状尺子和一把可活动的横臂(游标)组成,可根据需要上下调节自由。身高仪主要用于测量人体的身高等各种纵向长度的工具。

(4) 杆状计:由一个用毫米刻度的管状尺子和两把可活动的较长直型尺臂构成的活动式测量器。

(5) 触角器:由一个用毫米刻度的管状尺子和两把可活动的触角状尺臂构成的活动式测量器,其固定的尺臂与活动的尺臂是对称的触角状,适合于测量人体曲面部位宽度和厚度,如胸部正中的厚度。

(6) 滑动计:用于测量小范围宽度的活动形式测量器,主要用来测量人体眼部内外角的宽度、鼻宽、形态面宽、耳宽、耳长等。

(7) 直脚三脚平行规：由固定脚、活动脚、中间脚、主尺组成，主要用于不在同一平面内的两点距离测量。

(8) 弯脚三脚平行规：由固定脚、活动脚、中间脚、主尺组成，用于测量额矢状弧、额矢状弧的高，顶矢状弧的矢高，枕矢状弧、枕矢状弧的矢高以及鼻骨高、宽，中部面宽等。

(9) 弯脚规：由弯脚、主尺和尺框等组成，主要是测量人体及骨骼。

2) 传统测量存在的不利因素

目前我国的人体测量还是以直接接触测量为主。现行的国家服装人体测量和号型标准等在借鉴人类学和工效学知识和理论的基础上确定人体测量项目，人体测量方式也以直接的接触测量进行。传统测量方式不可避免地存在一些不利因素：

(1) 为了取得比较精确的测量数据，一般要求人体裸露身体甚至全裸来进行测量，从而导致这种测量工作很难开展。

(2) 测量必须以测量基准点为依据，而测量基准点的定位需要定位人员有丰富的测量经验，由于定位者和被定位者双方的人为因素还容易影响定位的准确性。

(3) 由于测量项目复杂，同时测量需要一定的技巧，这就需要由经验丰富的测量人员测量，否则容易出现较大偏差。

(4) 接触测量会不同程度地影响被测量者的心情，从而影响测量的精度；同时进行方便、简单的重复测量还会出现前后不一致的问题，不利于数据的采集和分析。

(5) 大量人体数据的测量、记录、剔错、整理、录入和处理需要大量时间和人力，而且还会出现人为错误的可能，影响整个测量项目的精度。

2. 三维人体测量

随着数字化技术的发展，计算机与媒体技术的融合成果已被普遍应用于计算机辅助设计、辅助制造和企业信息系统中，同时也为人体测量信息化进程奠定了基础。三维人体测量技术主要以现代光学为基础，是融光电子学、计算机图像学、信息处理、计算机视觉等多种科学技术为一体的测量技术。在测量被测对象时把图像当做检测的手段和信息的载体加以利用，从中提取有用的信息，从而获得所需要的人体三维尺寸。此类测量系统具有人体扫描时间短、精确度高、测量部位多等多种优于传统测量技术和工具的特点。

1) 三维人体测量技术的分类

一般来说，按照其测量过程中所采用照明方式的不同，常用的三维人体自动测量可分为被动式和主动式两大类。

(1) 被动式方法：是指不想被测人体发射可控制的光束，即人体的照明由其周围的背景光来提供，根据直接拍摄人体的图像进行距离测量的方法。主要可以分为双目视觉、三目视觉、单目视觉等方法。

(2) 主动式方法：是指向被测人体发射可控制的光束，即使用一个专门的光源对被测人体进行照明，然后拍摄在人体表面上所形成的图像，通过几何关系计算出被测物体距离的方法，如激光测量法、三角法、莫尔条纹测量法、白光相位法等。它们仅仅在光源形式和方法上稍有差异。

2) 三维人体测量方式的不足

(1) 目前三维人体测量系统很少专为服装制作研制，其应用广泛性制约了它本身应用于服装制造业，尤其是测量得到的数据资料不能很好地与现有服装CAD系统进行交换，严重影响了三维测量系统的深入应用。

(2) 由于三维扫描人体存在一定的测量死角，没有传统测量的测量深度。同时测得的数据与传统服装制造业测量稍有不同，有待进一步研究。

(3) 出于身体健康、遗传等因素，被测量人员对三维测量系统的认同还需要一定的普及时间。

(4) 因为系统的前期研发花费巨大，故目前实用性三维扫描系统的销售价格普遍较高，不利于系统的普及，同时系统便携性也由于系统本身的精度等因素受到影响。

总而言之，传统人体测量方法与三维人体测量方法都存在一定的优缺点。传统人体测量方法对测量人员的要求较高，直接测量的身体接触会影响测量的精度，而且很难进行方便简单的重复测量，不利于数据的采集和分析，但可以进行比较精细和隐蔽部位的测量。三维测量虽然具有扫描时间短、精确度高、测量部位多等多种优点，但存在一定的测量死角。

二、人体测量标准

国标GB/T 5703—1999《用于技术设计的人体测量基础项目》中列出了56个测量项目，包括立姿测量项目12项、坐姿测量项目17项、特定身体部位测量项目14项(含手、足、头)、功能测量项目13项(含颈、胸、腰、腕等围度)。在进行服装结构设计时，常用的测量基准点、基准线及关键部位的测量方法如下：

1. 人体测量基准点

人体基准点的设置将为服装主要结构点的定位提供可靠的依据。根据人体测量的需要，可对人体外表设置人体测量基准点，见图2-2-5。

(1) 颈窝点(前颈点)：位于人体前中央颈、胸交界处。它是测量人体胸长的起始点，也是服装领窝点定位的参考依据。

(2) 颈椎点(后颈点)：位于人体后中央颈、背交界处。它是测量人体背长及上体长的起始点，也是测量服装后衣长的起始点及领椎点定位的参考依据。

(3) 颈肩点(侧颈点)：位于人体颈部侧中央与肩部中央的交界处。它是测量人体前、后腰节长的起始点，也是测量服装前衣长的起始点及服装领肩点定位的参考依据。

(4) 肩端点(肩点)：位于人体肩关节峰点处。它是测量人体中肩宽的基准点，也是测量臂长或服装袖长的起始点及服装袖肩点定位的参考依据。

(5) 胸高点：位于人体胸部左右两边的最高处。它是确定女装胸省省尖方向的参考点。

(6) 背高点：位于人体背部左右两边的最高处。它是确定女装后肩省省尖方向的参考点。

(7) 前腋点：位于人体前身的臂与胸交界处。它是测量人体胸宽的基准点。

(8) 后腋点：位于人体身后的臂与背的交界处。它是测量人体背宽的基准点。

(9) 前肘点：位于人体上肢肘关节前端处。它是服装前袖弯线凹势的参考点。

(10) 后肘点：位于人体上肢肘关节后端处。它是确定服装后袖弯线凸势及袖肘省省尖方向的参考点。

(11) 前腰中点：位于人体前腰部正中央处。它是前左腰与前右腰的分界点。

(12) 后腰中点：位于人体后腰部正中央处。它是后左腰与后右腰的分界点。

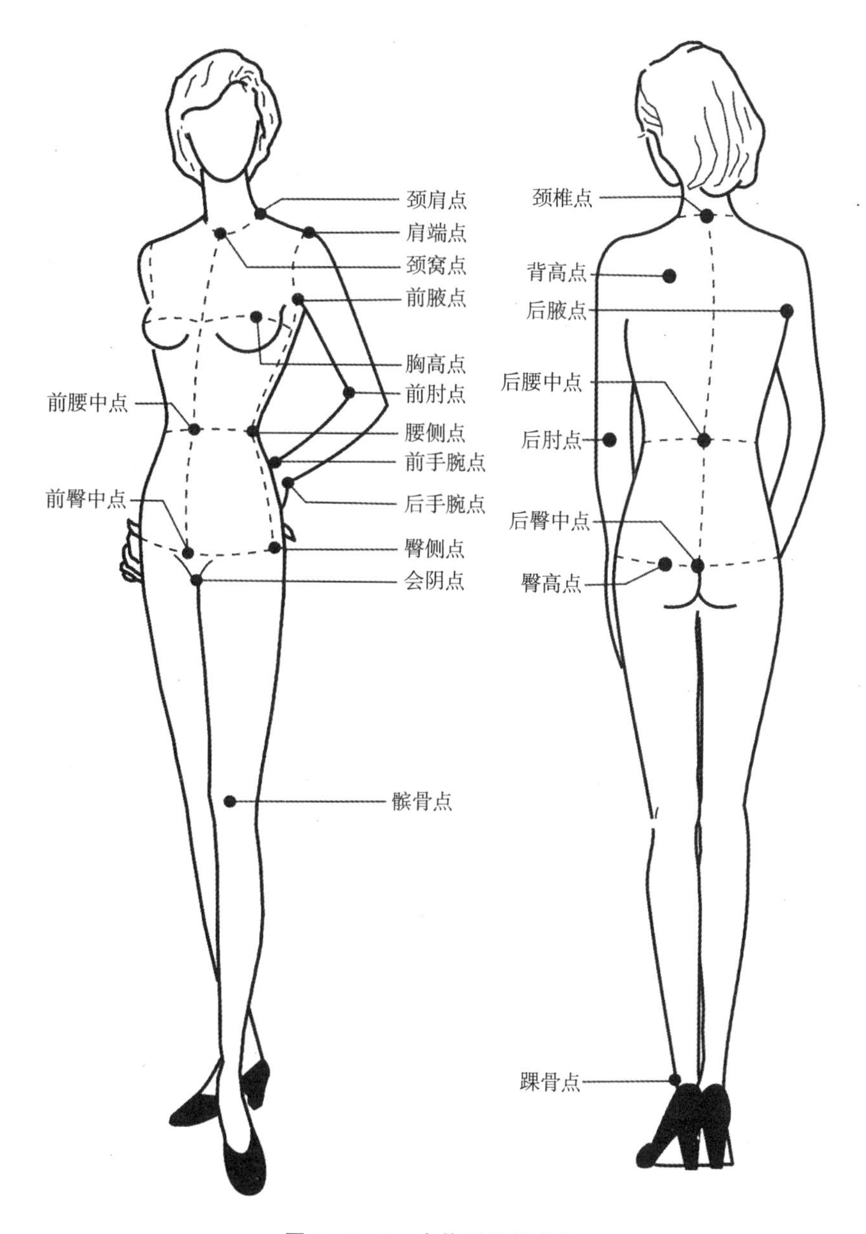

图 2-2-5　人体测量基准点

(13) 腰侧点:位于人体腰部正中央处。它是左腰与右腰的分界点,也是测量服装裤长或裙长的起始点。

(14) 前臀中点:位于人体前臀正中央处。它是前左臀与前右臀的分界点。

(15) 后臀中点:位于人体后臀正中央处。它是后左臀与后右臀的分界点。

(16) 臀侧点:位于人体臀正中央处。它是左臀与右臀的分界点。

(17) 臀高点:位于人体后臀左右两侧最高处。它是确定服装臀省省尖方向参考点。

(17) 前手腕点:位于人体手腕部的前端处。它是测量服装袖口大的基准点。

(18) 后手腕点:位于人体手腕部的后端处。它是测量人体臂长的终止点。

(19) 会阴点:位于人体两腿的交界处。它是测量人体下肢及腿长的起始点。

(20) 髌骨点:位于人体膝关节的外端处。它是确定服装衣长的参考点。

(21) 踝骨点:位于人体脚腕部外侧中央处。它是测量人体腿长的终止点,也是确定服装裤长的参考点。

2. 人体测量基准线

根据人体体表的起伏交界、人体前后分界及人体对称性等基本特征,可对人体外表设置人体测量线,人体基准线的设置将为服装主要结构线的定位提供可靠的依据,如图 2-2-6 人体测量基准线。

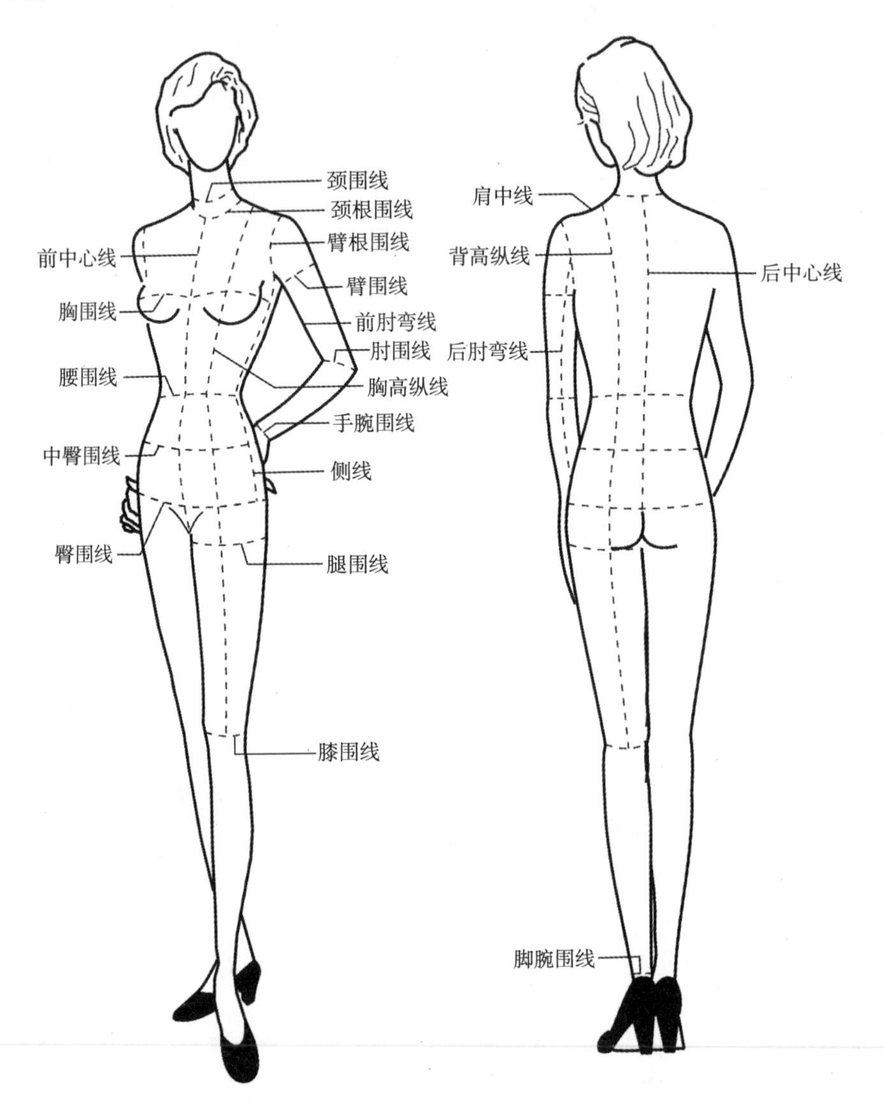

图 2-2-6 人体测量基准线

(1) 颈围线:颈部围圆线,前经喉结下 2 cm 处,后经颈椎点。它是测量人体颈围长度的基准线,也是服装领口定位的参考依据。

(2) 颈根围线:颈根底部围圆线,前经颈窝点,侧经颈肩点,后经颈椎点。它是测量人体颈根围长度的基准线，也是服装领圈线定位的参考依据，又是服装中衣身与衣领分界的参考依据。

(3) 胸围线：前经胸高点的胸部水平围圆线。它是测量人体胸围长度的基准线，也是服装胸围线定位的参考依据。

(4) 腰围线：腰部最细处的水平围圆线，前经前腰侧点，后经后腰中点。它是测量人体腰围线长度的基准线及前、后腰节的终止线，也是服装腰围线定位的参考依据。

(5) 臀围线：臀部最丰满处的水平围圆线，前经前臀中点，侧经臀侧点，后经后臀中点。它是测量人体臀围长度及臀长的基准线，也是服装臀围线的定位的依据。

(6) 中臀围线：腰至臀平分部位的水平围圆线。它是测量人体中臀围长度基准线。

(7) 臂根围线：臂根部的围圆线，前经前腋下点，后经后腋点，上经肩端点。它是测量人体臂根围长度的基准线，也是服装中衣身与衣袖的分界及服装袖窿线定位的参考依据。

(8) 臂围线：腋点下上臂最丰满部位的水平围圆线。它是测量人体臂围长度的基准线，也是服装袖围线的参考依据。

(9) 肘围线：经前、后肘点的上肢肘部水平围圆线。同时测量上臂长度的终止线，也是服装袖肘线定位的参考依据。

(10) 手腕围线：经前、后手腕点的手腕水平围圆线。同时测量人体手腕围长度的基准线及臂长的终止线，也是服装长袖袖口线定位的参考依据。

(11) 腿围线：会阴点下大腿最丰满的水平围圆线。它是测量人体腿围长度的基准线，也是服装横裆线定位的参考依据。

(12) 膝围线：经髌骨点的下肢膝盖部水平围圆线。它是测量大腿长度的终止线，也是服装中裆线定位的参考依据。

(13) 脚腕围线：经最细处脚腕部水平围圆线。它是测量脚腕围长度的基准线及腿长的参考线，也是服装长裤脚口定位的依据。

(14) 肩中线：由颈肩点至肩端点的肩部中央线。它是人体前、后肩的分界线，也是服装前、后衣身上部分分解及服装肩缝线定位的参考依据。

(15) 前中心线：由颈窝点经前腰中点、前臀中点至会阴点的前身对称线。它是人体左右胸、前左右腰、左右腹的分界线，也是服装前左右衣身分界及服装前中线定位的参考依据。

(16) 后中心线：由颈椎点、颈后腰中点、后臀中点至会阴点的后身对称线。它是人体左右背、后左右腰、左右臀的分界线，也是服装前左右衣身分界及服装背中线定位的参考依据。

(17) 胸高纵线：通过胸高点、髌骨点的人体前纵向顺直线。它是服装结构中一条重要的参考线，也是服装前公主线定位的参考依据。

(18) 背高纵线：通过背高点、臀高点的人体后纵向顺直线。它是服装结构中一条重要的参考线，也是服装后公主线定位的参考依据。

(19) 前肘弯线：由前腋点经前肘点至前手腕点的手臂前纵向顺直线。它是服装前袖弯线定位的参考依据。

(20) 后肘弯线：由后腋点经后肘点至后手腕点的手臂前纵向顺直线。它是服装后袖弯线定位的参考依据。

(21) 侧线：通过腰侧点、臀侧点、踝骨点的人体侧身中央线。它是人体胸、腰、臀及腿部前、后分界线也是服装前、后衣身分界及服装摆缝线定位的参考依据。

3. 静态人体测量部位及方法

静态测量主要是指人体处于某个动作的静止状态时来测量各部分的人体数据，主要是研究某个部分的绝对数值。

(1) 领围：卷尺经过前颈点、侧颈点和后颈点围量一周。

(2) 胸围：卷尺经过胸高点水平围量一周。也可分量前胸围和后胸围。

(3) 腰围：腰部最细处围量一周。也可分量前腰围和后腰围。

(4) 胸高位：卷尺由侧颈点量至胸高点。也可由卷尺从后颈点经过侧颈点量至胸高点。

(5) 前腰长：卷尺由侧颈点经过胸高点量至前腰围线。

(6) 胸间距：左右胸高点之距。

(7) 胸宽：左右前腋点之距离。

(8) 臀高：腰线下 18～20 cm。腰线下 9～10 cm 为中臀高位。

(9) 臀围：卷尺经过臀部丰满处(臀高位)围量一周。

(10) 裤长或裙长：人体侧面下身，由侧腰点量至足踝骨点或下身所需各种长度。

(11) 背长：卷尺由后颈点垂直量至后腰围线。人体后身总长为卷尺由后颈点垂直量至足跟或鞋跟。

(12) 后腰长：卷尺由侧颈点经过肩胛骨量至后腰围线。

(13) 总肩宽：左右肩点之间的距离。

(14) 半总肩宽：后颈点量至右肩点。

(15) 背宽：左右后腋点之间距离。

(16) 袖长：卷尺由肩点往下，经过肘骨点量至手腕根点。

(17) 上臂长：卷尺由肩点量至肘骨点。

(18) 袖窿：卷尺围量上臂根围一周。

(19) 上臂长：卷尺围量上臂顶部一周。

(20) 肘围：卷尺经过手臂肘部围量一周。

(21) 手腕围：卷尺绕手腕根部围量一周。

(22) 手围：卷尺经过手部最宽处围量一周。

(23) 直裆：人体坐下时，量后腰围线至凳面距离。

(24) 下裆：卷尺由后臀中点垂直往下，量至足踝后点。

(25) 头围：卷尺经过头部额骨和后枕骨围量一周。

4. 人体动态变形测量

动态测量一般是为了研究每个不同部位的动作前后的变化量而进行的测量，它是建立在静态测量方法的基础之上，主要有体表描线法、捺印法、围拉伸线法、石膏带法等。

(1) 体表描线法：在人体的体表用水溶性记号笔描线，分别测量其在运动前后人体各部位的数值。从而得到某个部分的变化量。

(2) 捺印法：与体表描线法的测量方法相似，往往用于一些尺寸变化比较大的部位，一般用于测量某个部位面积的变化。

(3) 围拉伸线法：利用一根经拉伸后不再回缩的化纤线，沿体表固定，测量动作前后的尺寸变化。

(4) 石膏带法：石膏带法是测量人体体表形态的传统方法之一，是用涂抹了石膏粉的包装带来获得人体形态的方法。

三、人体测量在服装中的应用

1. 尺寸满足度

人体尺寸测量在服装设计中的应用，主要是针对批量生产而言的。人体尺寸在服装产品中的满足度，指所制作的服装在尺寸上能满足着装者合适地穿着它的人数，一般用百分比来表示。根据工效学的指标，实际设计产品的满足度以 90％为目标，余下的 10％即为身材比平常人的平均身高高的人，不予考虑。服装应以满足大多数人的尺寸为目标。

2. 服装造型与运动舒适性

人体测量在服装设计中的应用主要体现在对服装造型空间的把握。人体在着装条件时，总是处于一定的运动状态下。服装造型空间是研究人体运动舒适性的最关键因素之一。所谓的服装空间是指包括人体在内的服装内部空间，即服装空间＝人体＋空隙量。空隙量是指人体与服装之间的空间。而服装造型空间只是从人体与服装之间的空隙量来进行研究的。因此，空隙量实质上即为服装造型空间。由于服装造型空间构建的主体是人，因而空间的存在和变化是有一定范围的，可沿经向和纬向两个方向发生变化。一般，经向变化区域为向上以胸上线为极限，向下可延伸至无限长。服装内空间经向的变化可分为几个区段，胸上线为上限区域，稍短可至胸下限、腰节线区域；中长可至臀线、臀围线；稍长可至膝上线、膝线、膝下线、脚踝线。纬向变化区域以肩、胸、腰、臀等人体的主要结构部位为参照，进行收缩与放大服装的围度，改变服装与人体的间隙量。

3. 服装结构与动作协调性

人体在运动状态下，根据运动量的大小，在服装的平面纸样中加入合适的放松量。不同的运动量需要由服装不同的放松量来满足，这就需要在保证人体测量尺寸正确的基础上，通过增加适当的放松量，使服装结构与动作协调，从而实现服装的运动功能。放松量主要是指在服装平面制图中，为了使服装适应人的运动机能而增加的服装的余量。一般根据服装穿着的舒适性、动作要求和里面加穿衣服的厚度等因素，在人体净尺寸上进行放量，其大小决定了服装的离体、贴体程度，形成了服装与人体的间隙，从而决定服装外轮廓的松紧变化。放松量与间隙量的区别在于，放松量是从服装结构的角度来实现服装与人体运动的适应，属于平面尺寸；而间隙量是从服装造型空间的角度来实现服装与人体运动适应，具有立体性、直观性，属于空间尺寸。

四、人体测量技术发展对服装业的影响

(1) 改变我国服装号型标准陈旧滞后的状况。服装业传统的测量工具不够精确，对被测量者无法进行深入的分析，而且测量的时间长、效率低，容易使被测量者感到疲劳和不适，不适合大规模的人体测量和数据采集。实用新型人体测量技术不仅可以快捷地获得最新的人体数据，建立本国人体体型数据库，同时通过测量活动来获得相关数据，有助于修订相关标准，使人

体测量变得省时省力。

(2) 使服装定制化服务成为可能。传统的服装店虽然可以为消费者量身定做,但在设计方面就显得不足。而具有设计能力的大公司,在传统条件下为消费者量身定做则耗时耗力。但是,利用三维人体扫描技术快速、准确、快捷的特点,对特定的顾客群体进行扫描,掌握他们的数据,可达到定制化服务。

(3) 提高服装制造业的自动化水平。与传统测量方法相比,三维人体自动测量技术在速度上明显优于传统测量方法,并且数据重复性好,可以随时更新或修改输出结果,还能产生数字化格式的结果。在服装工业领域,数字化格式的结果可以导入相关服装 CAD 软件,根据数据自动分析并搜寻适合体型的板型,利用网络传送到生产流水线上进行缝制,从而实现大规模定制化服装的加工生产,最大限度地满足消费者需求。

第三章　服装热湿舒适性

服装舒适性是一门综合性、交叉性的学科，涉及心理学、生理学、物理学及人类社会学等诸多学科。舒适性的研究包括物理、生理、神经生理和舒适生理四个基本领域，主要包括热湿舒适性、形态舒适性（服装压、肌肤感）、心理舒适性。人体与环境间的热平衡由于服装的介入会有所改变，服装既可以视为环境的一部分，又可以作为人体本身的拓展和延伸。在人体—服装—环境三者之间的复杂热交换过程中，服装兼具保温与隔热双重作用。本章主要从服装热湿舒适性的相关理论知识进行阐释，其主要内容为服装热湿舒适性研究内容、方法及研究近况，并分别详细介绍了服装热传递与湿传递的性能等理论知识。

第一节　服装热湿舒适性概述

一、服装热湿舒适性的研究范畴

“人体—服装—环境”是一个不可分割的系统，与服装的舒适性有着密切的联系。服装的热湿舒适性是指人体着装后在不同的气候条件下，人体与环境之间热、湿交换达到生物热力学的综合平衡，能满足人体生理状态的要求。服装热湿舒适性作为一种主观感觉，穿着舒适与否对人们日常生活工作影响很大。热湿舒适性主要涉及到以下四个方面的内容。

1. 人体的热调节机能

由于新陈代谢，人体产生热量。当人体处于休息状态的时候，这部分热量维持呼吸、心脏工作等人体基本功能所需要的热量。当人体处于运动状态时，肌肉消耗营养转化为机械行动时，肌肉所持有的部分能量及对外做工的形式向身体外部释放，但大部分却以热的形式释放在肌肉内部。人体需要摆脱这部分热量，否则会热到致命的程度。因此，人体可以通过出汗、血管收缩及血管扩张来调节温度的变化，保持恒定的体温。此外，人体仍需借助于服装，保持人体与环境的热平衡，使得人类在大自然环境中生存下去。

2. 服装系统

由于人体对热湿的生理调节范围是很有限的，所以当外界气候条件的变化超出生理调节范围时，着装就成了必须的行为调节手段。服装可作为一个准生理系统，是人体的延伸。服装在人与环境的热湿交换中起着调节作用，增强了人体对冷热环境的适应性，维持了人体舒适满意的热湿平衡。服装有利于人体对环境的适应性，对保证人体着装时的正常生理机能和舒适的热湿感觉具有积极的作用。值得注意的是，服装并不仅仅是被动性地对人体皮肤进行覆盖，而是与人体皮肤相互作用并改变皮肤的热调节状态。

在“人体—服装—环境”系统中，服装与人体及环境的关系是复杂的，服装的作用就是皮肤和外部环境间热湿传递的屏障。这一屏障可以保护人体免受过热及过冷带来的伤害，但与此同时也阻碍了人在运动过程中产生的多余热量向外界散失。例如，人如果穿着厚重的衣物完成艰辛的工作，由于服装本身高的热湿传递阻抗，热量就会迅速在身体上积聚，在热的环境中服装的自动调节功能之一就是服装逐渐被汗液浸湿，使得服装对热湿传递的阻抗不断降低。服装对热湿传递的屏障是由服装材料本身及符合各个材料所包裹的静止空气共同引起的。

3. 环境

环境因素中的温度、相对湿度及空气运动对于热湿舒适性非常重要。空气的温度越高，由传导、对流、辐射所引起的人体的热量损失越小。空气中的水汽含量决定着汽态水是由皮肤向环境传递还是反方向传递。皮肤上的水汽含量比环境中高，使得由于皮肤上的水汽蒸发而向外界传递热量成为可能。对于热量传递而言，蒸发散热是人体散失多余热量的最主要途径。应该注意的是，空气中的水汽含量，而不是空气的相对湿度，是蒸发散热的决定因素。当空气温度低于皮肤温度时，即使空气的相对湿度是100%，皮肤上的汗液也可以蒸发到空气中。空气运动则包括风速、方向及气流形式。

4.“人体—服装—环境”之间的相互作用

除人体、服装、环境各自是对热舒适性的影响外，三者之间的相互作用(表面静止空气层对热湿舒适性)也是非常重要的。表面静止空气层是指即使在极端的情况下(如不穿衣服)，人的身体也不是与外部环境直接接触，而是通过一个个小气候过渡，即通过人体皮肤表面的粘滞空气层过渡。这一空气层是由于运动空气和任何表面摩擦滞后的结果。通常人们在穿着衣物的情况下，服装外面有一静止空气层，此外，每一新的织物层里面也有一静止空气层。与服装本身的作用相似，静止空气层也构成了对热湿传递的屏障。

二、服装热湿舒适性的研究方法

服装热湿舒适性的研究大致从物理学、生理学和心理学三个方面着手。

(1) 物理学方法是将人视作一个热源，其机体内部产生热量，但又必须以同样的速度散热，以便保持人体的热湿平衡。保持人体、服装和环境之间的热平衡是物理学研究服装热湿舒适性的基础。

(2) 生理学方法是从人体的热调节机制出发，研究人体对冷热的反应机理，例如出汗、寒颤、血管舒缩等。人体是一个复杂的系统，它具有许多相互影响的控制系统，很难区别各种刺激作用。生理学研究倾向于研究特殊状态下人体的反应机理。

(3) 心理学方法着重研究人体的感觉。人的感觉无法测量，只能通过观察相关的反应来加以推断。根据研究方法的不同，心理学研究可以划分为：① 心理生理学，其借助于测量心率或皮肤电阻等反应来观察情绪与感觉间的关系；② 心理物理学，通过要求受试者用数值评定感觉的强度，使感觉得以量化；③ 行为心理学，观察人体刺激出现后的行为变化；神经生理学，利用测量神经末梢对刺激的反应来研究感觉等。

如今，人们已经从单一的研究方法发展到综合的研究方法。不但从物理学方面，而且从生理学与心理学方面全面地研究服装的热湿舒适性。它把人体、服装和环境视为一个系统的三大要素，在深入研究三者各自性能的基础上，强调从全系统的整体出发，通过三者之间的热湿传递，形成一个相互关联的复杂系统。

三、服装热湿舒适性理论发展概述

对服装舒适性的研究开始于20世纪30年代的美国，人们仅在70多年的时间里，就真正认识到服装的隔热防寒原理并建立服装功能与舒适性这门学科。由于服装的防寒性能差，在两次世界大战中，参战士兵冻伤人数近百万，这引起了生理学家、物理学家及纺织工程师对服装热学性能的重视。

1. 国外服装热湿舒适性研究概况

对于服装热湿舒适性的研究首先从美国、英国等发达国家开始。1912年，美国科学家使用热欧姆（T－Ω）作为隔热指标来评价服装的保暖性。1923年，雅格（Yaglow）提出了感觉温度指标，得到感觉温度图表。20世纪40～50年代，针对两次世界大战中士兵在寒冷环境中的防寒保暖问题，服装隔热性能成为研究重点。1940年气候学家和生理学家赛博（Siple）等人通过到寒区考察，发现了关于“选择寒冷气候服装的原则”，弄清了服装防寒隔热原理，对服装的选材和设计起了重要的指导作用。1941年，盖吉（Gagge）等人提出了克罗（Clo）这一服装热阻单位，用来评价服装防寒隔热的性能。克罗值是服装保暖性能研究方面的一个重要里程碑。1949年英国出版了第一本服装生理学方面的专著《热调节生理与服装科学》，具有划时代的意义。1962年伍德科克（Woodcock）提出一个新的指标——透湿指数。透湿指数用来处理织物层间的湿传递，并计算湿汽运动所引起的有效散热，而不涉及水汽的蒸发和凝结的影响。20世纪60年代中期，美国著名服装生理学家戈德曼（Goldman）将服装的热阻和透湿指数结合起来，进一步提出服装的蒸发散热效能指数，并建议用热阻、透湿指数和蒸发散热效能指数作为服装的热湿舒适性物理指标，来制定不同气候条件下的着装标准。20世纪60年代末，丹麦理工大学的范格（Fanger）教授建立了考虑人体代谢产热、服装热阻、环境中的气温、辐射温度、水汽压、风速六个要素的热舒适方程和舒适图，并在1984年成为国际标准。进入20世纪70年代后，人们在前期的研究基础上，逐步开始重视和强调服装热湿舒适性要从多个角度进行全面的研究。许多研究机构相续研制了不同模拟装置以对服装热湿性进行实际应用研究，出现了模拟“人体—服装—环境”系统的仪器和各种类型的假人。1972年米歇尔（Mechless）研制了皮肤模型装置并用其测试服用织物的干态导热性与热湿传递性。1982年和1983年日本报道了用于服装微小气候模拟的装置和用电子计算机模拟服装热湿传递性的研究方法，并提出了用服装衣内气候来作为评价服装舒适性标准的新理论。20世纪80年代后期，人们认识到人体向外界的热传递往往是动态的，研究动态的湿汽传递成为新的服装热湿舒适性的研究热点。随着科技水平的不断提高，对服装热湿舒适性的研究还在不断地深入。

2. 国内热湿舒适性研究概况

相对于欧美等发达国家，我国对服装舒适性的研究起步较晚。国内对服装热湿舒适性的研究始于20世纪60年代。60年代中期中国解放军总后军需装备研究所开始研究分段暖体假人。1978年上海纺织科研所研制了椭圆筒保温仪。1982年，陈秋水探讨了织物透湿性能及测试方法，提出了“透湿指数c”这一透湿性能的评价指标。1983年西北纺院研制出了织物微气候仪，同时还提出了用热阻、湿阻、等指标作为织物热、湿舒适性的物理指标。1985年东华大学研制的织物热透湿装置，天津纺织工学院采用西德皮肤模型的原理研制出能够模拟人体出汗和体温的皮肤模型以及织物液相缓冲测试仪。后总军需装备研究所工效室的研究人员对织物热湿传递性能的评价方法作了大量的研究，成功研制了服装内微气候测试仪，并提出潜汗和显汗条件下织物热湿传递性能的评价指标。这些测试仪器的研究，为评价服装舒适性提供了先进的测试手段，解决了服装热湿舒适性评价定量化的问题。近几个年来国内在热湿舒适性研究方面取得了较大的进展，目前主要研究范畴集中在暖体假人、测试仪器的研制、吸湿排汗面料的开发与研制以及微气候的研究等方面。

第二节　服装的热传递性能

一、人体的热生理

1. 体温

人体是一个复杂的系统，必须保持其恒定的体温。体温分为表层与深部温度两个层次。在研究人体体温时，把人体分为核心与外壳两个层次，前者的温度成为人体深部温度，后者成为人体的表层温度。深部温度是相对稳定的，身体各部位的温度差异较小；表面温度则不稳定，各个部位之间的差异也较大。皮肤是人与外界环境直接进行热交换的主要部位，其温度称为体表温度或皮肤温度。皮肤温度可以反映出体内到体表之间的热流量和着装状态下皮肤表面的散热量和得热量之间的动态平衡关系。皮肤温度的高低主要取决于传热的血流量及皮肤、服装、环境之间热交换的速度。

如图 3－2－1 所示，在不同的温度环境中，人体的温度核心区域分布也不一样。在炎热的环境条件下，人体核心温度较大，需要通过体表的散热来维持体温，当人体置于寒冷的环境中，核心温度会向内收缩。

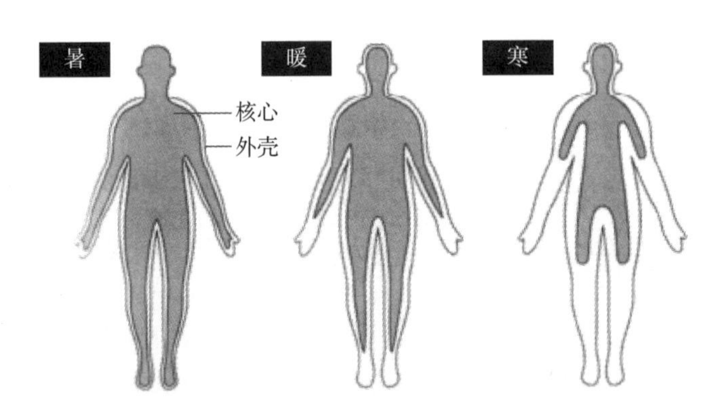

图 3－2－1　不同的温度环境中人体的核心温度

体温受人的生理状态、昼夜时差、年龄、性别、环境等很多因素的影响。少年儿童的体温比成年人高，成年人比老人高，女性比男性高。同一个人的体温一般随着季节和时间的变化呈现周期性的变化，且女性比男性多一个生理周期。女性的基础体温与生理周期一样，是有规律的。人体每天 24 h 内的体温呈周期变化，如图 3－2－2 所示。

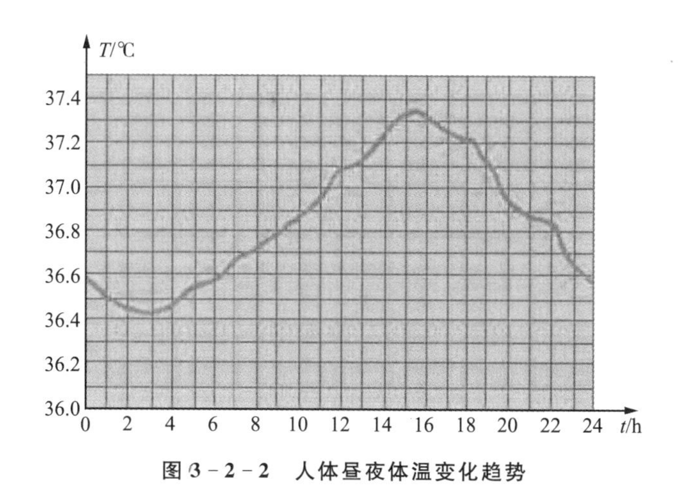

图3－2－2　人体昼夜体温变化趋势

另外，由于人体维持体温恒定是依靠食物进行热量补给，而食物中的营养成分在体内氧化产热量不同，所以同一个人的昼夜体温变化还受到摄取食物的影响。比如在食用辛辣、含酒精和咖啡因的食物的一定时间内，人体血液循环会加快，这使体内的大量热量通过皮肤散失，从而导致体温的下降。

2. 体温调节

人体的体温调节是人体的产热、散热与体内热量交换过程的调节过程，可分为自律性调节和行为性调节。

自律性体温调节包括产热调节和放热调节。产热调节是指在气温较低时（13～14℃以下），通过骨骼、肌肉的紧张和收缩来增加体热，当气温显著降低时就产生肌肉收缩，浑身发抖。放热调节是指当气温达到30℃以上时，供血量增多，血液循环加速，身体放热量增加。人体的产热主要靠肌肉和代谢，散热主要通过辐射、蒸发、对流和传导四种形式。主要散热部位是皮肤。皮肤出汗的形式包括不感蒸发、精神性发汗和温热性发汗。不感蒸发是指在适宜的环境下人处于舒适状态时，人体不间断地蒸发气态水分，也称作不显汗；精神性发汗是由精神紧张引起的；温热性发汗则是由于外界气温升高或运动时体温上升而引起的。人体各部位汗腺数量不同，所以出汗量也不同，但各部位的发汗是同时开始的。

行为性体温调节包括姿态改变、场所迁移、服装更换。由于人体自我调节能力有限，需要通过增减衣服、开空调等行为性体温调节的方式来保持体温稳定，其中着装是人们调节体温的最主要方式，因此服装面料的热湿传递性能直接关系到人体的舒适感。

二、产热与散热

在大多数情况下，当环境温度低于人体温度时，为了能够维持体温，人体必须产热。人体新陈代谢产生了热量，在这一过程中来自于食物的化学能转化成热能以及工作情况下的机械能。产热直接依赖于新陈代谢，人体各组织器官在新陈代谢时产生的热量是不相等的，并相应地随着身体活动的增加而增加。人体处在安静状态时，主要产热器官是内脏及大脑；当人体处于运动状态时，肌肉成为主要的产热器官。

人体通过与环境的能量交换，来保持人体温度的平衡状态，从而感觉舒适。如果人的代谢产热不能及时散去,在1 h内体温将上升18℃,这个后果可想而知。散热取决于皮肤和环境直接的温度、水蒸气压力梯度,也取决于服装的热湿阻值。散热的途径有传导、对流、辐射和蒸发四种。其中,蒸发散热伴有水分蒸发的过程,又称为潜热(湿热)传递;与此相对的传导、对流和辐射散热则称为显热(干热)传递。

1. 传导散热

两个相互接触且温度不同的物体,或同一物体的不同温度部分之间在不发生相对客观位移的情况下所进行的热量传递过程称为传导。传导散热是指物质不发生移动,而热量从高温物体流向低温物体传递的一种接触散热方式。衡量物体传导能力的一个重要参数是导热系数λ,其数值越大,物体导热性能越好。λ数值大小主要取决于组成材料的成分、内部结构、温度、压力。

人体和周围的物体之间是存在着传导散热的,但是在人体散热的热平衡分析中,通常是不考虑传导散热的。原因在于与人体大面积接触的空气导热系数很小,人体与固体环境(如座椅、床等)的接触面积也有限,尤其是人体在站立姿势时通过传导散热量较少。

2. 对流散热

对流散热是伴随液体或气体等流体的移动而传递热量的一种接触散热方式。由流体温度不均而造成流体移动,从而传递热量的方式,称为自然对流。因外在其他原因造成流体移动进行热量传递,称其为强迫对流。

3. 辐射散热

辐射散热是一种以电磁波的形式来传递能量的非接触式散热。辐射作为热交换的基本形式之一,不依赖于任何介质且持续不断进行。在一般环境条件下,辐射散热占总散热量的50%左右。当人体穿着服装后,辐射散热的三个基本参数为黑度、表面辐射温度和有效辐射面积。除了黑色外,其他服装表面的黑度都小于皮肤的黑度。由于服装在人体与环境中起到隔热的作用,所以衣服表面温度与环境温度及衣服的厚度有关。

4. 蒸发散热

水由液态变成气态的物理过程称为蒸发。蒸发可以发生在任何温度下。人体的皮肤表面、呼吸道黏膜都会发生蒸发过程。由于水分在蒸发时需要吸收热量,导致人体体表或通过呼吸道的蒸发带走热量,这个过程为蒸发散热。1 g水从皮肤表面蒸发可吸收2.5 kJ的热量。蒸发是维持人体热平衡的重要途径。蒸发散热量取决于体表面积、皮肤温度、气温和空气的流动速度。

人体表面的水分蒸发分为不感知蒸发和感知蒸发两种形式,如图3-2-3所示。不感知蒸发是指在适宜环境条件下,人体在热舒适状态时,持续地从皮肤与呼吸道进行不感知蒸发。不感知蒸发是通过组织间热体直接透出皮肤和肺泡表面进行汽化来实现的,是一种被动的物理弥散现象,不属于受体温调节中枢控制的主动生理调节活动范畴。不感知蒸发量与人体代谢水平、环境温湿度的变化有关。人体不同部位的不感知蒸发程度不同,如足底和手掌的水蒸气压量最大,不感知蒸发量也最大,其次是面部、颈部和胸部,其他部分较小。人体的不感知蒸发的程度,如果以体重的减少来衡量,则平均为23 $g/(m^2 \cdot h)$,其中30%从内呼吸道蒸发,70%是从皮肤表面蒸发的。一般情况下,在安静状态下,成年人每天不感知蒸发量为700～1 200 g,可散热1 680～2 100 kJ,约占人体散热总量的25%。

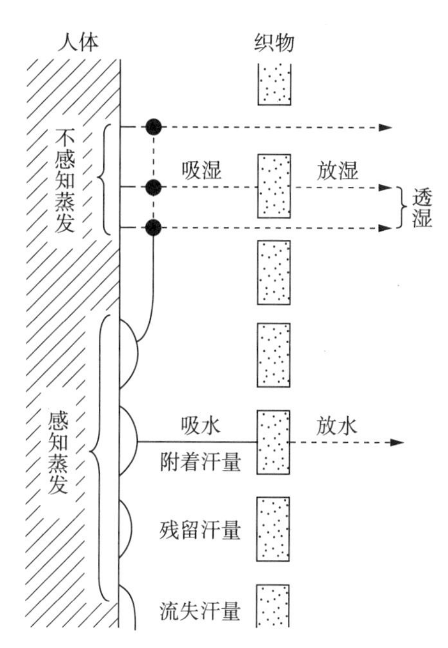

图 3-2-3 不感知蒸发与感知蒸发

感知蒸发就是通常所说的出汗，其分为精神性出汗与温热性出汗两种形式。精神性出汗是指伴随精神紧张或兴奋引起的手掌、脚底、腋窝等处的出汗现象。精神性出汗不是逐渐产生的，而会立刻出现。由酸、辣等味觉刺激而引起的脸部等处的出汗为味觉性出汗。精神性出汗在人体体温调节中的影响程度不大，一般在服装热湿舒适性研究中不予考虑。温热性出汗是指在炎热环境中，从除去手掌、足底以外的全身其他区域汗腺分泌汗液(以液态水为主)。另外，人体在运动时也会产生温热性出汗。温热性散热是受人体体温控制中枢控制的出汗形式，是人体在高温环境中一种有效的散热途径。当环境温度低于 29℃时，人体以传导、对流和辐射散热为主，蒸发散热以不感知蒸发为主。当环境温度高于 29℃时，传导、对流和辐射散热迅速减少，而蒸发散热开始增加，当环境温度达到 36℃时蒸发散热是仅有的散热途径。温热性出汗与精神性出汗不同，具有潜伏期和渐进期。人体进入高温环境后，不会马上出汗，而是有一段潜伏期，该段时间大约为 20 min，然后是全身各部位同时出汗。出汗潜伏期随季节的不同而不同，冬季出汗的潜伏期长于夏季。

5. 四种散热方式的影响因素

不同环境温度条件对传导、对流、辐射和蒸发四种方式的散热量是一定影响(其中传导散热量相对较小)。在低温环境下，皮肤温度与外界温度或环境气温之间的温差较大，传导、对流、辐射的散热量增加，蒸发散热仅以不感知蒸发形式来散热。当气温升至 32℃以上时，传导、对流、辐射散热几乎为零或为负，而蒸发散热量急剧增加。表 3-2-1 为人体、服装、环境三方面因素对传导、对流、辐射、蒸发这四种散热方式的影响。

表 3-2-1 散热方式的影响因素

方式	环境因素	服装或介质因素	人体因素
传导	温度差	材料或空气层的热阻	人体表面温度
对流	气温和风速	防风性能及服装的密闭程度	暴露部分与服装覆盖部分的比率及表面温度
辐射	环境物体表面温度、空气温度；物体表面的立体角、辐射率	辐射率，表面温度	暴露部分与服装覆盖部分的比率及表面温度
蒸发	空气中水蒸气压力、温度和相对湿度	水蒸气的扩散阻力、透湿指数，服装的润湿面积	表面温度和润湿面积

三、服装的热阻

在现实生活中，人们所穿着的服装大多数是多层的，服装层中由温度梯度而产生的热流阻力称其为热阻。服装热阻的物理意义在于服装两面的温差与垂直通过服装单位面积的热流量之比，反映服装以及其材料的隔热保暖能力。该物理量可以直接反应出加热所需的能量，但不便于记忆和理解服装的隔热值。目前，国际上习惯用克罗(Clo)作为表征服装隔热性能的一个通用指标。根据 1941 年美国学者 A.P.Gagge 等人提出了克罗值的定义，即在气温 21℃、相对湿度小于 50%、风速 0.1 m/s 的室内，一位健康的成年人静坐时感觉舒适状态下所穿服装的热阻为 1 Clo。此时，人体的平均皮肤温度为 33℃，新陈代谢率为 58.15 W/m^2。按照克罗值的定义，克罗值反映的是服装及其内空气层的显热阻抗。既能反映服装材料和制作工艺的特性，又能反映人体热平衡调节的生理状态。

根据 C. E. A. Winslow 和 A. P. Gagge 的观点，关于身体不同环境的热平衡过程，有如下针对人体的热交换方程式：$M-(\varphi_c+\varphi_r+\varphi_e+W)=\Delta\varphi$

其中，M——每平方米的代谢产热量，W/m^2；

φ_c——传导和对流散热量，W/m^2；

φ_r——辐射散热量，W/m^2；

φ_e——蒸发散热量，W/m^2；

W——对外做功所消耗的热量，W/m^2；

$\Delta\varphi$——身体的热储蓄，W/m^2。

若 $\Delta\varphi>0$，则人体体温上升；若 $\Delta\varphi<0$，则人体体温下降；若 $\Delta\varphi=0$，则人体获得温度性舒适。

在定义所指定的状态下，$W=0$ 且 $\Delta\varphi=0$。假设此时人体的干性散热(传导、对流、辐射)每平方米散热量为 φ_d，则 $\varphi_d=\varphi_r+\varphi_c=M-\varphi_e$

服装的热阻为 R，皮肤平均温度为 t_s，环境温度为 t_a，则 $R=\dfrac{t_s-t_a}{\varphi_d}$

人体能量代谢中，蒸发散热为 25%，干性散热为 75%，即

$$\varphi_d=\frac{33-21}{0.75\times58.15}=0.275[(℃\cdot m^2)/W]$$

这里所求的服装热阻是服装自身的热阻 R_{cl} 和服装表面静止空气层的热阻 R_a 之和。在风速 0.1 m/s 时 R_a 为 0.12(℃ · m^2)/ W，$R_{cl}=R-R_a=0.275-0.12=0.155$(℃ · m^2)/ W，所以，1 Clo 就等于 0.155(℃ · m^2)/ W。

四、影响服装热阻的因素

影响服装热阻值的因素包括：服装材料、服装样式、人体因素和环境因素。

1. 服装材料

(1) 纤维导热系数。纤维的导热系数决定了纤维的导热性能。在织物厚度一定的前提下，服装材料的导热系数小，则热阻大。所以，纺织纤维的导热系数越小越好。几种常见纺织纤维的导热系数见表 3-2-2。

表 3-2-2　常见纺织纤维及空气和水的导热系数

材料	导热系数〔W/(℃ · m^2)〕	材料	导热系数/〔W/(℃ · m^2)〕
棉	0.071～0.073	涤纶	0.084
羊毛	0.052～0.055	腈纶	0.051
蚕丝	0.05～0.055	锦纶	0.244～0.337
黏胶纤维	0.055～0.071	丙纶	0.211～0.302
醋酯纤维	0.05	氯纶	0.042
羽绒	0.024	精致空气	0.0256
木棉	0.32	纯水	0.602

(2) 织物厚度。织物通常都是由纤维构成的，纤维本身具有一定的导热能力，不论纤维的结构如何，纤维与纤维之间都有很大的间隙，空气则充满在这些空隙中。织物内所含的空气是大多数织物热阻的主要来源。织物厚度越大，所包含的空气较多，热阻就比较大。

(3) 纺织材料密度。不同的服装材料，其纤维结构不同，纤维之间的空隙不等，所以纤维间空气量不等。然则，同样厚度的服装材料。纤维结构中充斥死腔空气多者，其热阻高；反之，热阻就小。服装材料的密度是决定死腔空气多少的重要参数。同样厚度的服装材料，密度小，其包含的死腔空气较多，隔热性较好。

(4) 面料表面的粗糙程度。服装面料基本原料的特性及其纺织方法决定了衣料表面的粗糙程度。表面粗糙的面料，具有大量的线粒空隙，不易贴近皮肤。皮肤与服装内表面之间、各服装层之间形成较大的空气层，有利于增加服装的调气作用与服装的隔热作用。

(5) 面料的弹性与缩水性。服装面料的弹性是指面料拉长后立即回复它原有的长度和形状的性能，并且衣料的纤维或羽毛不脱离纱线的小束，也不脱落，服装面料的绕曲度和结构丝毫不损坏。弹性好的衣料热阻较大，毛纺织品弹性最大，其次是丝织品，再次为棉布。服装面料受到水的作用可以收缩、膨胀，衣料的纱线还能弯曲，这就服装面料的缩水性能。当衣服面料受潮发生收缩时，失去弹性，其厚度和密度均发生改变，使得服装的热阻下降。

(6) 含气性。含气性是指纤维内部或纤维和纤维之间、纱线和纱线之间的空隙以及织物空隙之间都含有空气的性质。在一定体积中含有空气量的体积百分率称为含气率。一般服装材料的含气率为 60%～80%。通常情况下，含气率大的纤维制品，其热阻也大，使得该服装材料发挥较好的保温性能和通气性能。

2. 服装式样

(1) 覆盖面积。覆盖面积是指着装人体被服装所覆盖的面积。被服装所覆盖的人体表面的空气层为静止空气层，会阻碍热与水分的散失。因此，服装覆盖面积的多少对服装热阻值有很大的影响。一般情况下，人体表面覆盖率增加，服装的保温性能增加。

在无风时人体表面覆盖率减小，则服装的保温能力逐渐下降，保温能力差异不明显。全身服装在有风时保温能力比无风时的保温能力小，但全身覆盖面积减少时，其保温能力下降的比例要比无风时显著。

(2) 服装开口。服装的开口是指领口、袖口下摆和衣襟等服装内空气的进出口。这些开口的形状和大小等影响着服装内热、湿和空气的移动。服装的开口大体上可划分为向上开口、向下开口和水平开口等形式。由于体热而变暖的体表空气密度减小，沿体表形成上升气流，成为自然对流。

在服装的结构设计中，可以提供一些通风构造，从而利用强制对流来调节体热散失。如通过拉链开口的的设计来调节和控制对流散热；在夹克袖口和侧缝处同时使用开口设计，多余的人体热量就可以通过这些开口散失到环境中去，从而限制温度的上升速度。通过在服装结构中提供的一些通风构造，多余的人体热量可通过这些开口散失到环境中，从而减少热蓄积。

(3) 多层重叠着装。重叠着装使得服装与服装间的空气层增加，增加了静止空气的隔热作用，从而影响了热、湿与空气的移动，对保暖效果有显著的影响。但是，随着服装件数的继续增加，多件衣服的热阻比单件衣服的热阻总和要小，原因为：①服装热阻在身体表面分布是不均匀的；②单件衣服叠加可能使一些部位的服装相互挤压；③单件衣服的叠加增加了散热的表面积。

因此，为了有效地发挥重叠着装对隔热性能的影响时，外层服装的宽松量应较大，否则会使内层服装受到外层服装的压迫，保暖性就会变差。同时，重叠的顺序也会影响到重叠着装的效果。例如在有风的情况下，将含气性较好的针织物穿在内层，将透气性较差的致密性机织物穿在外层，能较好地发挥了重叠着装的作用。此外，在重叠着装时，各层织物的透湿性、透气性都会相应地下降。

(4) 服装的重量。单件服装重量与热阻之间的关系是服装热阻 R_t 随着重量 W_{cl} 的增加而增大，且内穿服装的单位重量所发挥保暖作用比外衣类服装大。另外，女装($R_t=0.615+1.030W_{cl}$)较男装($R_t=0.775+0.465W_{cl}$)轻且保暖性好。在男士用的内衣类服装中，重量与保暖性之间的相关性较大，但从羽绒到牛仔布材质的多种服装，相关性不显著。服装的重量是评估服装隔热保暖性能的一种依据，但其影响规律因服装品种和材质不同而不同。

3. 人体因素

穿着者的运动或者风使得服装摆动，产生的气流可以挤压服装，从而减小服装的有效厚度。所以，静止时测定了热阻的服装穿到正在活动的人体身上，保暖性会发生改变。人体对服装热阻的影响主要有这几个方面：①人体姿势。即使人体所穿着的服装相同，姿势不同的情况下，服装所发挥的隔热效果也是不同的。服装热阻的测试通常采用站姿，坐姿时服装的热阻会减少 15%，减少的原因是坐下时衣下空气层减少。由于不同姿势下，服装及内部空气层的厚度发生了改变，从而改变了服装热阻值。②人体动作。人们在进行体育锻炼或从事体力劳动时，身体在周围空气中运动，会产生相对风速。同时，由于人体的活动，衣下空气层对流加强，产生鼓风作用。所以，人体活动时受到自然风、相对风速、衣下空气层鼓风三者联合作用，服装的隔热值将显著减小。③人体出汗。如果服装因吸收了汗水而变得湿润，由于湿的纤维比干的纤维具有较高的导热系数，所以这就使服装本身的传热能力增加。另外，湿衣服与皮肤及服装自身之间相互粘连，使原有空气层减少，导致服装的热阻降低。

4. 环境因素

(1) 环境温度。温度对服装热阻的影响表现为：①一些纤维在不同的温度条件下具有不同的弹性，使服装织物的厚度及织物的面积系数发生变化；②服装内外空气层的导热系数发生了改变；③服装织物纤维的导热系数发生了改变。

(2) 环境湿度。在服装中含有两种水分：其一为吸湿性水分，是纤维从大气中吸收的水蒸气聚集在衣料纤维表面，常以回潮率表示；另一种是中间水分，其以水滴状态充满在衣料纤维之间的空隙中。吸湿性水分经常存在，中间水分只有当衣服被汗水或雨水浸湿和环境湿度很高时才存在。

(3) 风速。环境风速是影响服装热阻的主要因素。风对服装本身热阻的影响，可表现为加强了服装开口部位的内外空气层的对流，同时风也直接渗透到多孔疏松的服装内部。此外，风速还可以压缩局部服装，改变服装内空气层的厚度。这些都是导致服装热阻降低的原因。研究表明：当风速为 0.7 m/s 时，服装总热阻降低 15%～26%；当风速为 4.0 m/s 时，服装总热阻降低 34%～40%。除了风速以外，风向也与服装的热阻有关。垂直于人体纵轴的气流对服装的热阻影响最大，侧风的影响较小。

(4) 大气压。高原地区和高空，大气压强降低，空气密度变小，纺织纤维和服装纱线之间的空气密度减小，导热性下降，使得服装的热阻增加。

第三节 服装的湿传递性能

在中等热环境或寒冷环境中，人体通过对流、传导、辐射和蒸发来维持人体的体温相对恒定。服装的热阻是维持人体热平衡的重要因素。在寒冷气候环境下，当人体处于运动时，人体产生的热量增大，汗液蒸发散热也会发挥较为重要的作用，此时服装的透湿性能不容忽视。而当人体处于高温环境下，对流和辐射不能有效散热，还有可能从环境中得热，此时蒸发是人体唯一的途径。如果水蒸气能够及时通过服装扩散到环境中，人体就会感觉舒适。反之，服装阻碍水蒸气的通过，使得人体与服装之间的微气候中湿度增大，当水蒸气积累到一定程度后就会凝结成水，此时人体的蒸发受到抑制，产生黏湿、闷热等不舒服的感觉。因此，在炎热气候条件下或是人体运动时，服装的透湿性能对维持人体的热平衡是非常重要的。

人们通过穿着适当的服装来创造人体表面与服装表面里层之间的微气候以适应外界的环境。人体穿上衣服并能感到舒适时，服装内气候温度在(32±1)℃、相对湿度在(50±10)%、气流在(23±15)cm/s 左右，这就是标准的服装气候。如果服装内的温湿度超过这个范围，人体就会感到不舒适。

一、服装的湿传递理论

人体皮肤表面蒸发的气态水与液态水因服装内外的水蒸气压差而透过服装向外扩散的性

质成为服装的透湿性，这是评价服装热湿舒适性的一个重要内容。热力学第二定律表明，湿空气中的水蒸发浓度不均而呈现梯度时，水蒸气将由高浓度的区域向低浓度的区域扩散。根据该定律，当织物两边存在水蒸气压差时，就会发生水蒸气的扩散现象。

人们在着装时，皮肤上的水汽是舒适感的一个重要影响因素。一个人在舒适的环境下，静坐时，每小时每平方米皮肤的表面积从皮肤上蒸发的水蒸气约为 15 g。如果在炎热的条件下，上述蒸发量将达到 100 g 左右。服装具有能调节水汽蒸发的性能。在组成服装的织物中，纱线的结构、织物的几何形态、纤维本身的湿传递特征等均会对水汽的蒸发有很大的影响。此外，服装的款式、静止空气层的厚度以及周围的环境，都会影响服装的透湿性能。

二、服装湿阻及其计算方法

1. 服装的湿阻

服装的透湿阻力是影响服装舒适性的一个重要因素。人体在出汗之前，是以不显汗(潜汗)的方式转移人体所散发的水汽。在舒适条件下，以潜热形式的蒸发散热约占全部散热量的四分之一。在剧烈运动状态下，一旦人体的散热量不能与人体产生的热量相平衡，人体一定以汗水的方式散发热量，其中，影响蒸发散热的一个极其重要的因素就是服装的湿阻。

2. 热平衡条件下湿阻的计算方法

所谓热平衡条件下的湿阻，即人体的产热量和散热量处于平衡状态，也称为稳态。与显热传递相类似，环境和皮肤之间的水汽压差是潜热传递的驱动力。皮肤上的汗液在皮肤表面蒸发，并通过服装传递给外环境。这种水汽传递的阻力称其为服装的湿阻。服装的总湿阻(Ret)是指从皮肤表面到环境的湿阻。湿阻的表达方式有多种，国际单位制(SI)中湿阻单位为$(\text{kPa}\cdot\text{m}^2)/\text{W}$。有关湿阻的表示方法如下：

$$Ret=\frac{(P_{sk}-P_a)A}{H_E}$$

其中，Ret ——总湿阻，$(\text{kPa}\cdot\text{m}^2)/\text{W}$；

H_E——皮肤表面积上的潜热损失，W；

P_{sk}——皮肤表面水汽压力，kPa；

P_a——环境水汽压力，kPa；

A——皮肤表面积，m^2。

3. 服装透湿的途径

人体皮肤表面无感出汗时，汗液在汗腺孔附近甚至在汗腺孔内蒸发水汽，整个皮肤表面上看不到汗液，此时通过服装的湿传递的初始状态是水汽；皮肤表面有感出汗时，汗液分布在皮肤表面上，这时通过服装湿传递的初始状态是液态水。

人体皮肤表面的汗液经服装传递至环境空间的通道主要有三种类型：

(1) 汗液在微气候区中蒸发成水汽，气态水经过织物纤维间、纱线间和纤维内的缝隙孔洞扩散到外部空间。

(2) 汗液在微气候区蒸发成水汽后，气态水在植物内表面纤维中的孔洞和纤维表面凝结成液态水，经过纤维内和纤维间缝隙孔洞毛细运输到织物外表面，再重新蒸发成水汽扩散至外部空间。

(3) 汗液通过直接接触织物，以液态水的方式进入织物内表面，通过织物中的空隙孔洞毛细运输到织物外表面，蒸发成水汽扩散至外部空间。

三、服装透湿指数及其影响因素

1. 服装透湿指数的定义

美国服装科学专家伍德科克(A.H.Woodcock)于 1962 年提出了服装舒适性的另一重要指标，即透湿指数(Moisture Permeability Index，缩写为 im)。

当人体处于出汗状态时，通过每平方米服装的总散热量 φ_t 由非蒸发散热 φ_d 和蒸发散热 φ_e 两部分组成。即：

$$\varphi_t=\varphi_d+\varphi_e$$

而

$$\varphi_d=\frac{t_s-t_a}{R_h}$$

其中，φ_d——非蒸发散热量，kW/m^2；

t_s——皮肤表面温度，℃；

t_a——环境温度，℃；

R_h——服装和表面空气层热阻之和，Clo。

$$\varphi_e=7.5\times10^{-3}\times\frac{P_s-P_a}{R_w}$$

其中，φ_e——蒸发散热量，kW/m^2；

P_s——皮肤表面饱和水汽压，Pa；

P_a——环境实际水汽压，Pa；

R_w——服装和表面静止空气层蒸发阻力之和，cm。

因此，通过服装总的散热量：$\varphi_t=\varphi_d+\varphi_e=\frac{t_s-t_a}{R_h}+7.5\times10^{-3}\times\frac{P_s-P_a}{R_w}$

根据伍德科克理论，得出透湿指数：$im=\frac{\varphi_e\times R_h}{5.55S(P_s-P_a)}$

其中，S——常数，其数值为 0.016℃/Pa.

im 的值在 0～1 之间。由于服装表面存在静止空气层的阻力，im 通常小于 1，即使人处于在裸体状态下，在风速小于 3 m/s 时，im 值也不可能等于 1。im 值越大，服装的透湿性能就越好，越容易在高温环境中维持人体的热平衡。

2. 影响服装透湿指数的因素

1) 风速对服装透湿指数的影响

加速空气对流和蒸发散热的一个重要因素是风速。有关实验数据证明：风速增大时，透湿指数也增大，见表 3-3-1。

表 3-3-1　在不同风速条件下 *im* 值

风速(m/s)	透湿指数 *im*	风速(m/s)	透湿指数 *im*
0.25	0.63	0.50	0.70
0.35	0.68		

2）人体运动对透湿指数的影响

人体运动对透湿指数 *im* 的影响实际上是服装内外空气流动速度增加对 *im* 的影响。人体在运动时会产生相对风速，不同活动产生的相对风速不同。与此同时，衣下空气层发生对流（鼓风）作用，相对风速和鼓风作用的大小与人体的运动速度相关。人体活动时代谢热量倍增，人体全身出汗。虽然此时对流散热有所增加，但在一般的着装情况下汗液蒸发散热仍起主要作用，故 *im* 增大。人体进行活动时，一方面服装的透湿指数增大，另一方面服装的热阻下降，所以蒸发散热效应 im/R_h增高。

3）环境湿度对透湿指数的影响

环境湿度增大，也就是环境中水蒸气压力 P_a 增大，则皮肤表面饱和水汽压与环境实际水蒸气压之差（P_s-P_a）减小，蒸发散热阻力增大，蒸发散热量 φ_e将减少，最终透湿指数 *im* 将大大减小。

4）服装热阻对透湿指数的影响

im 值是随着服装的热阻 R_h增大而减小的。热阻 R_h增大，服装蒸发阻力增加，使蒸发散热量显著减少，则 *im* 减小。从而蒸发散热效能 im/R_h也降低。当服装厚度增加时，蒸发阻力增加，*im* 值下降。因此，在冷环境下，穿着过厚的服装快速行走或做剧烈运动，可能会发生体热积蓄或中暑。

5）服装的透气性对透湿指数的影响

服装的透气性能主要取决于面料结构和服装款式。有些面料各层经纬纱之间形成直通气孔，透气性较好，有利于水汽弥散。有些面料，各层经纬纱交错排列，构成不定型气孔，这种衣料透气性较差，蒸发阻力大。另外，面料的密度也是影响透湿指数的重要因素，致密的面料透气性较差。服装的款式也是一个值得考虑的因素之一。在厚度相同的条件下，多层服装透气性好，在人体活动时，衣下空气层对流增加，有利于水汽的散发。宽松、开放式的款式透气性较好，透湿指数大。

6）服装的吸湿性对透湿指数的影响

服装的吸湿性是由纺织纤维的特性决定的。吸湿性强而且放湿快的服装，例如棉麻类服装，其吸湿率高，蒸发速度快，其透湿性较好。毛类服装，虽能够大量吸收水汽，但放湿过程缓慢，所以其透湿性能不如棉麻类纺织品。

第四章　服装压力舒适性

服装压力舒适性的研究与应用是近年来在服装舒适性与功能领域的研究热点，尤其现代人越来越讲求服装的舒适与环保，服装压力舒适性对于紧身贴体的内衣、医疗保健类服装、运动服装而言显得尤为重要。本章讲述服装压力舒适性领域目前研究的主要内容和应用现状。

第一节　服装压力舒适性概述

服装舒适性是服装人体工程学的主要研究内容之一。服装舒适性包括：热湿舒适性、感觉舒适性、压力舒适性等。目前对服装热湿舒适性能的研究已相当深入和成熟，而对服装压力舒适性的研究则处于起步阶段。服装的压力舒适性作为评价服装舒适性的一项重要指标，已逐步开始受到相关科研机构、大专院校和服装企业的重视。紧身贴体的服装，包括内衣、运动服装、弹力袜的压力舒适性问题，是目前的研究热点。

1. 服装压力舒适性的研究内容

服装压力指服装作用于人体体表的力度。人体外形轮廓和人体运动使服装和人体部位之间形成了动态接触。在人体与服装的动态接触过程中，服装以相对滑移量和衣料变形来符合人体变化，由于衣料变形而产生内应力，对人体接触部位产生束缚力，导致皮肤变形刺激皮肤深处的压觉点，使穿衣者感受到服装压力。登顿指出按个体差异和身体部位不同，会使人感觉不舒服的服装压力介于 5.88～9.8 kPa，这与皮肤表面的毛细血管的血压相近；而舒适服装压力范围为 1.96～3.92 kPa，当服装压力超过舒适临界压力值时，血液流动困难，从而导致血液流动受阻或停止流动，最终血液被迫流向腿部较低部位，从而造成下肢肿胀。服装压的大小主要取决于四个因素：服装的款式与合身性、身体各部位的形状、人体皮肤和皮下软组织的力学性能以及面料的力学性能。

消费者内心希望穿着舒适、迷人的服装，这就要求减小服装对人体的限制并增加织物的延伸能力，也就是说服装需要精心裁剪并保持穿着者运动舒适。在分析人体运动时，有三个基本成分可迎合皮肤应变要求：服装合身性、服装的滑移及织物的延展性。合身的服装应给皮肤应变提供允许的空间，它受服装尺寸和人体尺寸的比例及服装设计特点的影响。服装的滑移，主要取决于皮肤与织物之间及皮肤与服装的不同纱层之间的摩擦系数，它是服装满足皮肤应变的另一种方法。织物延展性是确保压力舒适的一个重要因素，它主要取决于织物弹性和弹性回复性能。织物内部的张力及皮肤和织物之间的摩擦力是否平衡由服装滑移或织物延伸性变形所决定。如果织物延伸阻力小且对皮肤或织物摩擦力大，它就倾向于织物的延伸性而不是靠滑移。如果织物摩擦力低且织物的延伸阻力大，则情况就相反。如果织物既有很高的摩擦阻力，织物延伸阻力又大，这就可能对人体产生较大的着装压力，从而导致不舒适感。

实验表明，皮肤具有良好的双向延展性，而且男性和女性之间皮肤延伸百分比的差异很小。人体坐着时各种服装的臀部有效的织物伸长和穿着时实际织物水平伸长间的关系，如图 4-1-1 所示。皮肤应变明显高于实际织物的伸长，表明在顺应皮肤的应变方面，服装合适的尺寸及滑移起着非常重要的作用。同时，织物的有效伸长和实际伸长有着直接关系，有效伸长大，实际伸长就大。有效伸长与实际伸长间的关系随服装不同款式变化，表明它受服装尺寸和人体尺寸相对比例影响，同时也受人体接触点的影响。

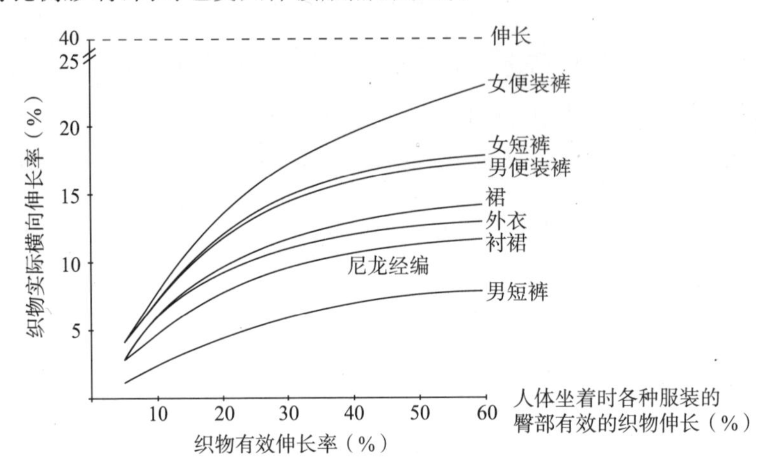

图 4-1-1 着装时实际水平织物伸长和有效伸长

弹性织物能够少变形和皱痕地延展和收缩，更加适合人体体形。登顿用一弹性材料制作的带子围在身体的某一部位并拉伸，从而估算出不舒适压力的最低限度，并对舒适的程度进行判断，研究者发现如果起初有些不舒适，一段时间后就会感觉好些；如果起初非常不舒适，那么随着时间的推移就会无法忍受。不舒适的临界压力大约为 70 g/m^2，它与皮肤表面毛细血管的血压平均值 80 g/m^2 相接近。

人体因季节、服装款式、材料等因素的不同，所受的压力不尽相同，如冬季大于夏季、男装大于女装、外套大于内衣、悬吊大于裹缠、梭织面料大于针织面料、夹层结构大于单层结构。通过对女子直立着装时（着普遍套装），身体各部位承受压力的测试，受压主要部位是肩部、腰侧（腹）部，柔软而伸缩力大的部位没有附加异常压力，冬季压力数值大于其他季节。各种服装的压力范围汇总如表 4-1-1 所示。

表 4-1-1 各种服装的压力汇总

服装款式	压力(N)
游泳衣	10～20
紧身胸衣	30～50
针织围腰	20～35
弹性袜带	30～60
医用长袜	30～60
紧身服	<20
西裤背带	60

服装对人体各部位压力，主要体现在服装款式与材料方面。体现在服装款式方面，指不同结构的款式导致人体不同部位分担的压力不同：主要压力在肩胛骨间，肩部斜方肌与三角肌交界处有凹陷势态，正是服装给予人体压力的最佳部位；套袖结构使压力在肩、臂部呈分散状态，肩头点与肘、腕共同分担服装压力；压力点在凹陷的腰（腹）侧，它的压力承受力仅次于肩部；压力点在颈椎处，担当袒背式晚礼服主要的吊悬压力。服装材料也对压力产生作用，例如高弹材料的紧身裤（袜）、紧身内衣、泳装，它们对人体的压力由于材料作用而被分解，压力支点不是固定在某一位置，而是平均分布。均衡体现。

服装压力是服装工程学中研究的一个重要因素，但对它的评价往往是通过主观方法测试的，为了设计合体舒适的完美服装，需要在设计阶段中研究动态服装压力的分布情况。本章从多个角度研究服装压力舒适性问题，有助于建立服装压力舒适性和人体生理健康之间的知识和联系，从而有助于提高人们的健康和生活质量。

2. 国内外服装压力舒适性研究的现状和前沿内容

随着人们的工作、生活方式更趋休闲化与绿色环保着装理念的深入人心，人们对服装的要求已不仅仅要求外在款式与设计的视觉美，而且对服装的内在舒适性提出了越来越高的要求。其中服装压力作为衡量服装舒适性的一项非常重要的指标已愈来愈受到国际知名服装企业，尤其是内衣企业如日本华歌尔和运动服装企业如耐克、阿迪达斯等的重视，而国内在这方面的研究刚处于起步状态，“服装压力”对许多业内人士还是个新鲜名词，普及程度很低，更不要说将服装压力作为评价舒适性指标，三维动态服装压力的数字化模拟领域的研究几乎是空白。

国内对服装的舒适性测试仅止于手感触摸、成分标识等定性评价，非常缺乏精确客观的统一定量标准，相关生产企业对服装穿着微环境的认识也相当粗浅和模糊，与“以人为本”的先进制造理念相比，此方面的研究非常滞后。

国外如美国、日本等发达国家都非常重视服装舒适性能的研究，并认为“服装不仅是皮肤上被动的覆盖物，同时它也与皮肤的热调节功能互动并使之完善”。目前日本华歌尔人体科学研究所在服装生理感觉的研究方面处于前沿地位，从温热刺激、接触刺激、加压刺激三方面进行研究。例如贴身保暖内衣的开发，研究应该在人体哪个部位保暖，开发具有轻柔、干爽、吸湿等特性的内衣材料；针对敏感性肌肤研究开发无刺激材料。再比如研发防止运动员受伤的系列产品，穿着此类产品后可以减轻运动疲劳。生理感觉研究开发是在日本华歌尔人体科学研究所内的“环境实验室”中，由试穿人员协助完成。在实验中，不仅用被称为“感官评定”的定量性方法记录下有关穿着时的主观感受和意见，而且还对穿着时的客观生理变化进行了测定。例如测量体表温度的自动记录温度测定法，可对冷热生理反应进行测定；再如试制了以生理感觉数据为依据的立体模型，能测定运动时服装压力变化的立体模型；又如采用高性能材料保护运动肌肉，测定下蹲运动时的肌肉疲劳程度。

目前在服装压力方面的主要研究问题有以下两个方面：

1）人体对弹性针织服装的力学感知

通过穿着实验所获得的感觉数据进行因子分析和聚类分析，服装舒适性研究专家归纳出服装舒适性的三个独立感觉因子：热湿舒适性、触觉舒适性和压力舒适性。与力学刺激相关的感知包括服装的动态穿着感、触觉和压觉、瘙痒感及粗糙感等。

人体表面上任何一点都会引起人的触觉。但是，人体各个部分对触觉的敏感程度不尽相同。图 4－1－2 说明了女性皮肤不同部位的平均绝对阈限，这些阈限通过将一根毛发用不同大小的力作用于皮肤表面而获得，且用作用于毛发的力的大小表达。直方图线柱越高，需触发感受器的力越大，敏感性越低。很明显，绝对阈限在身体表面上变化很大。触觉阈限取决于刺激物震动的频率和皮肤温度。每个触觉好像都定位于皮肤上特定的位置，并且和触觉皮质中每一区域处的神经数量有直接关系。

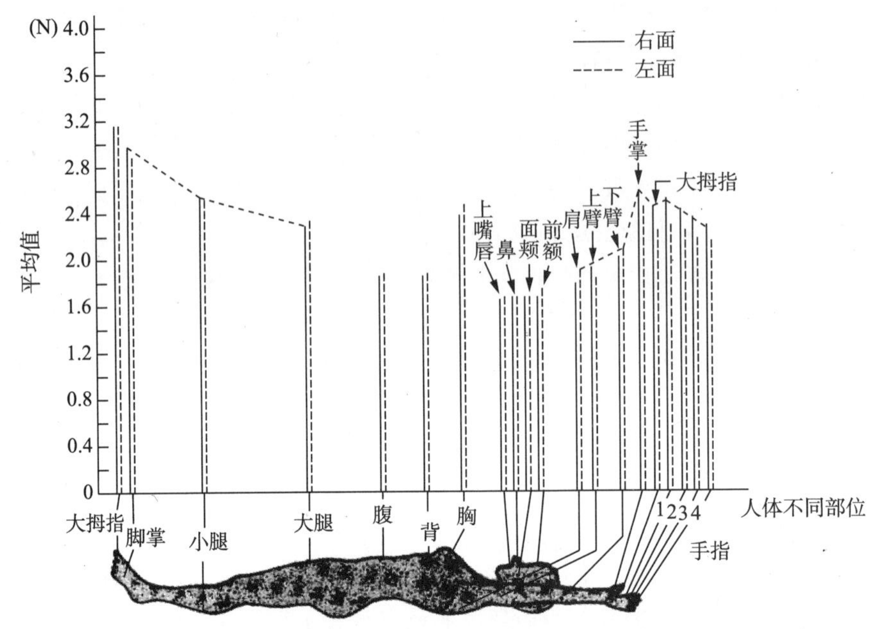

图 4－1－2 女性皮肤不同部位的平均绝对阈限

穿衣期间在织物与皮肤接触及力学相互作用的过程中，衣服将对皮肤施加压力和动态力学刺激，从而激发各种机械感知并产生各种不同的触觉。在静态条件下，由于呼吸引起的最大服装压力变化在 0.2～0.4 N 之间。

针织面料由于具有较好的弹性和弹性回复性而被用来制作各种贴身、紧身、束身的服装。尤其是弹力纤维莱卡等在针织面料中的应用更增加了针织服装的造型性，使合体的针织服装更广泛地渗透到内衣、外衣、功能性服装等领域中。但是合体的针织服装在穿着中会出现令人不适的束缚感，尤其在长时间穿着时这种感觉会加重，造成腰酸背痛、血流不畅和疲倦感。因此，设计弹性针织服装时，要考虑织物的弹力性能、人体各部位的敏感性、服装的品种和功能以及穿着者的要求。

利用针织面料的弹性所设计的服装规格尺寸会小于人体的尺寸，或者没有预留出人体活动所需的必要松量。在这种情况下，服装在穿着时处于拉伸状态。由面料的拉伸变形产生的内应力在人体表面的法线方向形成了压力。人体表面所受的压强大小与面料拉伸变形的内应力和人体表面的曲率有关：$P=T/\gamma$，其中 P 是人体表面所受的压强，T 是面料的拉伸力，γ 是人体表面的曲率半径。上式表明人体部位所受的压力与面料的拉伸应力成正比。面料的拉伸应力与其弹性变形率和拉伸量有关。弹性变形率与拉伸量越大，面料被张紧的程度越大。人体所受的压力与人体曲率半径成反比。在同等受力的情况下，如腰围处，一周的拉伸应力相同，但在人体曲率较大的侧腰部的压强就比前、后中心部所受的压强要大。

2）服装压力的理论基础研究

接触力学是建立服装压力模型的基础性理论，因为压力来源于人体与服装间的动态接触。服装压力的理论研究经历了三个阶段。在第一阶段，接触体局限于刚体和简单的弹性体，人们只研究总的接触力和总的摩擦力。牛顿第三定律和库仑的摩擦定律是这个阶段的主要理论基础。赫兹接触定律被视为第二阶段的里程碑。赫兹在他的研究中，假定接触体可以被看作具有小变形的弹性半间距体，接触面积很小，总体上是椭圆形的，并假定接触边界没有摩擦。基于这个理论，人们可以研究静态接触表面上诸如压力分布的局部现象。数字化估算是解决接触问题的第三阶段。

以往关于服装压力的研究绝大多数集中于穿着实验，以测量其服装压力和相关的主观感受。日本学者测量了被紧身胸衣和束腰覆盖的腰部区域的服装压力，并就服装压力进行了感受试验。结果表明腰部压力受到被覆盖区域面积大小、呼吸和服装跟随人体运动能力的影响。

国内西安工程科技学院从事服装压力的研究较早，如沈大齐等提出了医用弹力袜对下肢静脉曲张的预防和治疗机理，研究了地组织线圈长度、腿模周长和袜统压力的关系，得出了袜统压力的适合设计值。再如徐军等利用心理量表对不同号型、不同款式和不同弹性的运动内衣在不同状态下做出了主观压力感评价，并对所得值进行方差分析，讨论各部位的压力分布状况及理想的服装类型。由芳为了研究紧身服装的穿着压力舒适性问题，设计了一组服装穿着实验，利用心理量表对不同尺寸、不同弹性性能的紧身长裤作了主观压力感评价，并对所得值进行因子分析，分析并讨论了不同穿着感觉之间的关系。王小兵等探讨了服装压对体育防护用品运动功能及穿着舒适性的影响，通过实验得出结论：人体在通常状态下，前臂、小腿及腰部等部位所需要的舒适服装压较小（490～2 600 kPa），但在剧烈运动时所需舒适压力要比一般状态下大 1 960 Pa 左右。这种对服装压力的主观评价方法相对来说简单易行，但精确程度与可靠程度则远远不够。

有关服装穿着时压力的理论研究出版物非常有限。日本报道了预测穿着外轮廓、服装压力和感到舒适的服装松量的基础系统的研发过程。使用这套系统，他在一个简易的假人上研究了服装压力的三维分布和感到舒适的服装松量，并在纸样上绘图加以完善、修改。但是文中没有给出模型的细节和模拟算法。该系统局限于静态压力分布和尺寸的合适性研究，没有考虑动态接触力学。

3. 服装压力舒适性领域发展中的重大贡献者及其工作介绍

服装压力舒适性领域处于计算机学科、服装人体工程学、运动生理学等的交叉学科。在该领域有重大贡献的人及其工作介绍如下。

1）紧身内衣压力分布的计算模型

中山大学的罗笑南等针对紧身内衣着装后对人体的压力分布的计算问题，提出了一个可行的计算模型。该模型以弹性力学的薄膜大变形理论为基础，通过求解变形后内衣上一系列点的应力，再根据弹性力学的最小位能原理，采用拉格朗日乘数法，计算出弹性内衣对人体的压力的大小。对此问题可理解为已知内衣和人体模型，即已知内衣和人体的外形几何信息、内衣的材料性能以及内衣边界的着装位置，求着装后内衣对人体的压力分布。首先，将弹性内衣拉伸至人体的着装部位，其外形与着装部位的外形吻合，求此时内衣上各点的应力。然后，由于内衣被拉伸，其对人体的结构点产生压力，方向沿接触面的法线方向，计算此时人体的结构点所承受的压力。

此计算模型相对简单，但未考虑服装压力的动态变化以及“人体－服装－环境”之间的动态热湿交换，所以只限于紧身内衣静态压力分布的计算。

2）三维动态服装压力的数字化模拟

服装美学和功能性是通过人与服装的动态接触过程体现的。服装的美学效果和力学舒适性不仅与服装材料有关，而且与人体和服装之间的动态接触有关。要使服装进一步提高功能性和装饰性，满足服装力学舒适性的需求，必须对服装的载体——人体进行深入的研究。因此，服装力学性能工程设计不同于纺织品力学性能工程设计，一个重要特点是服装力学性能的工程设计需要建立在人体和服装之间的动态接触力学机理研究基础上。

在三维服装压力的研究中，有限元方法由于不受几何外形、材料性能和接触体变形方式的局限而得到最广泛的应用。有限元方法是用有限个单元将连续体离散化，通过对有限个单元作分片插值求解各种力学、物理问题的一种数值方法。通过单元分析、总体合成、代数运算等基本步骤，充分发挥单元在几何体上所具有的灵活性。有限元方法对接触物体的几何模型、材料特性和变形模式等方面没有限制，把复杂的偏微分方程转换为低次多项式进行求解。使用有限元方法，复杂的接触问题可以转化为代数方程式系统来求解。英国学者在该领域早有成果发表。

香港理工大学的研究者采用有限元的方法建立了数字化模拟三维动态服装压力的机械力学模型，研究动态服装压力分布。其主要包括两方面的内容：一是建立一个能够准确描述服装与人体之间的动态力学相互影响关系的力学模型；二是研究出能产生服装压力可视化模型的计算机算法。这需要服装设计、接触力学、人体生理力学和计算机技术等跨学科的知识，所以研究难度非常之大。目前该研究小组已建立了包含皮肤、软组织和骨骼三层不同力学性能的三维生理力学人体模型。

张欣等基于分析人体和服装间的接触特性，在动态接触力学的理论基础上建立了一个机械力学模型。在这个模型中，服装被视为具有非线性几何特征的弹性壳体，人体则被视为刚体，人体和服装间的接触被视为动态的不断滑移的界面。该服装变形兼具材料线性和几何非线性的力学特征，并仅在运动时由于服装压力而限制人体的运动，在人体休息时则没有压力。要求试验者以恒定的速度 Vz 向前移动。X. Zhang 等分析了作用于服装单位元上的外力，得到了模拟女性在身穿合体运动衣以恒定速度 Vz 慢步时的动态服装压力分布的力学模型。

该模型假定人体为刚体，服装面料厚度上的应力假设为零，要求在运动时人体始终与上衣肩部的最高点和短裤的腰部保持接触，且人体和服装间的摩擦忽略不计。因此该模型与实际人体服装压力有一定差距，且计算复杂，需借助功能强大的计算机来完成，实际应用仍存在困难。

第二节 服装压力的测定

服装压的测定有直接法和间接法。直接法有流体压法、电阻法、光学纤维法、虚拟仪器法等；间接法是根据衣料伸长变形量进行推测的方法。为了保证测量的精度，通常要求检测传感器要尽可能小而薄，能够插入到所测部位。目前，服装压测试仪已经可以检测到 294～392 Pa（3～4 g/cm^2）左右的服装压差。

1. 流体压法

流体压法有水银压力计法和水压力计法。将内置水或空气的橡胶球插入衣服内，读取单管或U形管的水银柱、水柱高度，即为所测的服装压。

气压式压力测力计多用在弹力卫生性纺织品对人体产生压力的测量，例如，测量卫生袜以及医用绷带对人体产生的压力。它的主要原理是通过测试部分的橡胶小球受到不同的压力，从而使管内空气压强与大气产生差值，压强差的读数通过水银柱或压力计读出。

这种方法简便直接，但准确度将受到操作人员和人体的影响。同时，由于橡胶球的放入，使得实际的人体和弹性织物之间的联系发生了变化，且橡胶球不能很好地紧贴人体的皮肤，会使测量结果与实际有所偏差。另外，对于动态服装压以及对人体曲率半径小的部位(如膝盖、弯曲的肘、胸部、臀)的测量比较困难。

2. 电阻法

电阻法有电阻应变片型压力传感器法和半导体压力传感器法。电阻应变片由于变形而发生电阻变化，所以，将带有电阻应变片的传感器插入衣服内时，由于服装压而应变片产生变形，能够把压力的变化作为电阻的变化检测出来。这种测试装置体积小，重量轻，测试精度高，测试结果稳定。半导体压力传感器法比电阻应变片法更具高精度，其仪器也非常小，能够实现低压力下的高精度测量。

电阻型压力传感器，往往由于人体表面的压缩硬度和曲率的不同而反应压力有异。同时，由于所穿服装的材料压缩刚性和伸长特性的不同而反应压力有异。所以，在测定服装压时须注意。

利用流体压法和电阻法各自的优点开发了气囊式服装压测定法。这种方法是在拟测部位放上厚3 mm以下的气囊，通过与气囊连接的半导体压力传感器的电阻变化，计测着装状态下的动态服装压。该方法的优点是受具有复杂构造人体、服装材料的伸长特性与刚柔性的影响小，定量程度高，而且能够进行动态测量。

3. 光学纤维法

目前英国和日本在服装压力测定设备的研制方面处于领先地位，其测试原理主要是通过传感器(包括空气式传感器和光学纤维传感器)，将服装压力信号转化为电压信号输出，通过两者间的线性关系获得准确的服装压力。

日本Okamoto公司采用弹性光学纤维来测量袜子对人体皮肤产生的压力，该纤维由核心层、中间层和鞘层组成，并具有光学波长索引导航。弹性光学纤维的核心层(光线折射率为1.51，直径为1.7 mm)被中间层(折射率为1.41)覆盖，两者由最外层的黑色鞘层挡住了外部光线。核心层和中间层由硅橡胶制成，鞘层由氟橡胶制成。进入核心层的自然光通过全反射从一端传递至另一端。当弹性光学纤维受外力变形时，在核心层内传递的光线数量会发生变化，逸出的光线数量会减少。因此，作用于弹性光学纤维的外力大小可通过测量逸出的光线数量来获得。日本基于这个原理研制了一套装置来估测服装压力，分析了输出电压和外力间的关系，发现两者的线性相关度为0.99。因此采用这套装置测试服装压力准确性相当高。

4. 虚拟仪器法

由于服装是穿着在人体上的，人体曲面的复杂性及人体运动时的生理、物理变化的复杂性，给服装压力的测量带来不同程度的困难。随着虚拟仪器技术的日益成熟，国内西安工程科技学院的王毅等采用美国 National Instrument(NI)公司的 Lab View 为开发平台，建立了基于虚拟仪器技术的集数据采集、存储、分析、显示等功能为一体的服装压力测试系统，可以满足精确测量着装人体运动时的服装压力的变化，较直观地实时再现服装压力。

虚拟仪器是以微型计算机为核心，将计算机和测试系统融合于一体的测量仪器。首先，选用轻薄的采用美国 Tekscan 公司专利技术的 FlexiforceA201 型传感器，如图 4-2-1 所示，其克服了传统压力测试仪的缺点。它由两层很薄的聚酯薄膜组成，每层薄膜上铺设银质导体并涂上一层特殊的压敏半导体材料，两片薄膜压合在一起形成了传感器。银质导体从传感器点处伸至传感器的连接端。传感点在电路中起电阻作用。受力为零时，电阻最大；力越大，电阻越小。当外力作用到传感点上时，传感点的阻值的倒数随外力成正比例变化。通过对 Flexiforce 传感器的漂移、重复性、迟滞差、曲面作用等静态特征参数的测试，可以得出结论为：Flexiforce 传感器适合静态状态下的平面测量以及半径大于 32mm 的曲面测量。由于其轻薄的特点，使弹性面料对人体表面的压力没有影响，所以可以认为弹性织物对传感器的压力等于其对皮肤表面的压力。

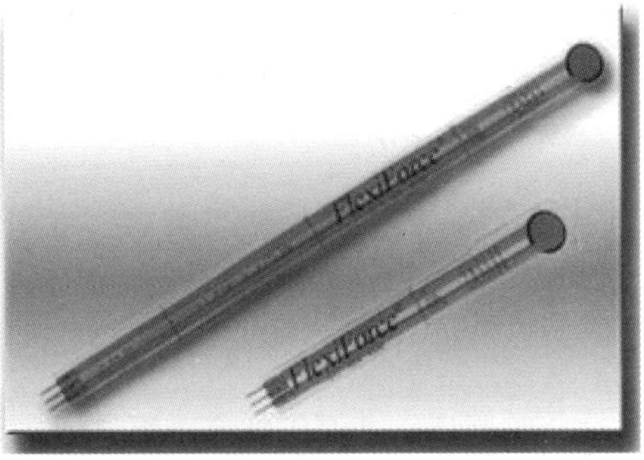

图 4-2-1 FlexiForce 传感器实物

接着，将传感器接入电路中并通过放大装置建立压力与电压的相互对应关系。采用万用表直接测量传感器的电阻与压力之间的关系。结果表明：电阻倒数与压力之间的关系是呈线性的。根据非电量电测的要求对测试电路进行标定，进一步测试电路的线性度，在标定时要注意减小由于感应点的接触位置不同带来的测试数据的不准确。

最后，通过数据采集系统将模拟信号转换为数字信号供计算机进行分析和处理，实现多参数测量的应用，可实现服装压力多部位的同时测量，使测出的数据具有可比性，并可在计算机上直接显示并实时记录数据，如图 4-2-2 所示。

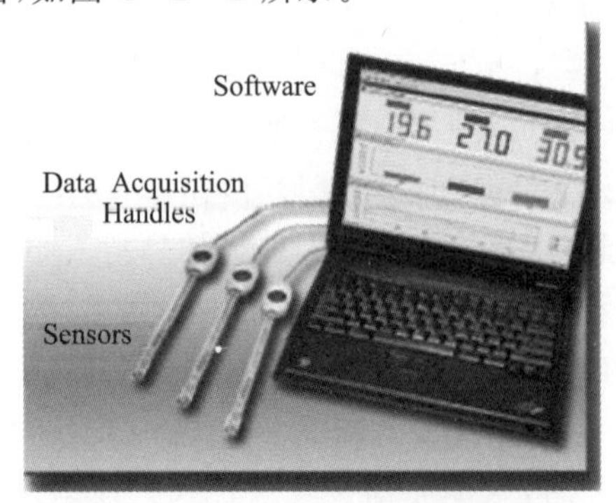

图 4-2-2 ELF 系统及传感器实物

注：software 软件 Data Acquisition Hangles 数据获得手柄 sensors 传感器

5. 拱压法

使用石膏或合成树脂，做成模拟肘、膝等部位的凸起模型，在起拱处打孔，贴置压力传感器，测定衣服对凸起部位的压力。这种方法可以测出接近穿衣时的服装压值，但不能进行连续动作时的服装测试，并且石膏模型制作较繁琐。

6. 服装压假人测试系统

陈东生等采用服装压假人(Dummy)测量了处于站立姿势和运动状态的服装压力，比较了所测得的数据，找出了假人和人体之间的测量关系。该测试系统共采用了6个假人，其中第一个假人和第六个假人主要用于普通站立姿势的压力测量。通过实验得出结论：采用假人进行服装压力的测量具有局限性，而且需要考虑假人的硬度、外形、尺寸以及假人的测量姿势。

J. Fan等开发了一种通过测量标准假人服装压力来预测人体紧身束衣压力的方法。其中使用了高级数学编程的方法用于面料起皱的数字化模拟，结果表明采用这种方法预测服装压力是可行的，该研究成果可应用于紧身束衣制造商在假人上测量其产品的压力分布，也可让消费者预知购买产品的压力舒适性。由于直接在人体上测量服装压力费时且费用昂贵，因此预测紧身束衣的压力非常必要。

第三节　服装压力舒适性研究的应用

目前服装压力舒适性的研究主要应用于运动服装、医疗服装和贴体内衣。功能性与美观性的完美结合是压力舒适性研究的目标。

1. 鲨鱼泳装

鲨鱼泳装外形类似潜水服，泳装表面面料模仿鲨鱼皮肤，沿身体方向每间隔1 mm平行分布深0.1 mm、宽0.5 mm的细微沟槽。当运动员跃入水后，会在沟槽内侧产生细小漩涡，这些漩涡可抵消在泳装表面增加阻力的大漩涡作用。鲨鱼泳装一改国际追求的“高露腿式”而大胆采用“全覆盖腿式”，人体从脚踝以上全都包裹在泳装内，使得游泳运动员在压力之下能有最大舒适性与合身性。因此，它是根据在人体各部分不同的肌肉运动状态下，不同的压力舒适性而设计、裁剪出不同的裁片组合而成的。

2. 功能性裤袜

美国杜邦公司设计、生产了莱卡功能性裤袜，它的原理是通过温和的逐渐增加的压力，轻柔按摩腿部，使腿部减轻疲劳，能够增加腿部的能量，到晚上腿部不会感到太疲劳，给腿部以保护作用，增加血液循环，有利于腿部的长期健康。其关键点是渐增的压力，在脚踝处的压力一定要比大腿处的大，压力分布必须均匀，这将确保血液流回腿部，裤袜能正常发挥功能。

3. 胸衣

自1935年美国华纳公司根据女性不同的胸部形状，推出了不同型号的胸围尺寸和A、B、C的罩杯规格后，英、美、日、德等国基于人体工程学、结构力学、人体解剖学展开的内衣与人体关系的研究从未中断，一直关注胸衣结构与人体曲面吻合的研究。现代女性通过胸衣来塑造美好的体态。但胸衣不仅要有调整胸部造型的功能，同时还要具有良好的舒适性，尤其是压力舒适性。胸衣压力最大的部位是腋下，其次是乳下部，最后是乳头。腋下压力的大小可以通过调节后背部附有的松紧档次、选用的材料及肩带宽窄来控制，这部分压力较易控制。乳下部的压力是由胸衣下杯片紧贴乳房产生的一种向上的托力。一件好的胸衣必须具有合适的压力(约 4 kPa)才能穿着舒适,不妨碍人体健康。胸衣罩面钟型沿胸围线扩展包住胸部,在钟型罩面上部及底部用弹性面料,后背处束带用高弹材料,目的在于使用同一规格的胸罩能与不同形状的乳房都紧贴而不显得紧束,且在人体运动变化时弹性面料的松、弹力跟随着运动变化而拉长、回复,轻柔、贴顺地塑造着女性优美的形体,使可动作性与复原性完美结合。设计胸衣时,要考虑运动所引起的形体变化,并把握住服装材料的力学特性、服装压力做功等。传统的塑身内衣进行的都是静态塑身,一旦人体处于运动状态,就会有不适的感觉。服装压力分为重量压、束缚压和面压三种。对胸衣而言,主要涉及的是面压。所谓面压,是指在人体运动时服装与人体接触而产生的压力,常常发生在肘、膝部等,这种压力与服装的着装感密切相关。

国际上知名内衣、运动品牌公司等以人体生理特征为核心,从款式入手(罩杯的贴体程度、肩带的受力强度、运动时胸衣的贴合性等),结合高科技技术研究运动胸衣的合体和压力舒适性,旨在寻找振动小、功能性好的运动胸衣。美国 Nike 公司采用无缝针织技术,利用改变针织面料织物组织结构的方式,塑造运动胸衣立体造型,既满足了运动胸衣的合体要求,又能对乳房起到良好的承托作用。由于不存在接缝,运动胸衣经向受力均匀,改善了运动胸衣的运动舒适性。

4. 整形内衣

整形内衣是指对人体体型具有调节作用的内衣,具体来说是针对女性体型不足之处,利用材料和裁剪达到抬高、支撑和束紧身体目的的内衣。整形内衣对体型的调节是通过力的作用来实现的,这从整形内衣的分类(即轻压型、中压型、重压型)上可以看出来。整形内衣压力的产生原因可依据服装压力形成因素而得。服装压力的形成因素通常可概括为三个方面:服装质量形成的压力,即重量压;由于服装勒紧而产生的压力,即集束压;由于人体运动时和服装接触而产生的压力,即动态接触压。因此,对于整形内衣来说,其压力可认为主要来自于内衣勒紧而产生的集束压,另有一部分来自于人体的运动而产生的接触压力。

整形内衣能调整体型,保持女性优美的身材曲线,但过大的压力会对人体生理活动产生一定的影响,导致人体的不适,如使内脏变位、呼吸运动受到抑制、血液循环受阻等,最后导致各种生理的、心理的疾病。因此,内衣对人体的压力必须有一定的限度,否则,不仅无舒适性可言,反而还会影响人体健康。关于整形内衣对生理活动的影响,有很多学者做过研究。文献研究发现,穿着硬质的紧身内衣能产生严重的心血管反应。Miyuki 等人也发现着装压力对皮肤血流量、腿外围皮肤温度及心率是有影响的。另外,也有人研究过束裤压力和心脏输血量的关系,他们发现,在腹股沟处随着压力的增加,心脏输出量呈线性减小。因此,内衣压力舒适性问题是内衣发展中需要解决的重要问题。

整形内衣主要是用于调整体形的,其穿着时束紧人体,与人体之间的间隙量小于或等于零,这也是整形内衣与其他服装的不同之处,因此其穿着压力舒适性除了与织物的延伸性有关外,还受到内衣的尺寸、内衣自身的结构及穿着者自身穿着习惯的影响。

在关于服装压力的理论研究中,有关人体与服装之间动态接触的研究是近几年才开始的,并且主要以紧身衣、文胸、束裤为研究对象。Wong 模拟了紧身运动短裤穿着过程中的动态压力分布变化。Okada 研究了压力和压力感的关系,发现腰部的压力感与施加在该部位压力的对数成线性关系,遵循 Weber-Fencher 定律。Makabe 等人研究了客观压力值与主观感受的关系，其通过研究不同造型、结构、材料的内衣压力，指出当压力超过 4.00～5.33 kPa 时会产生不舒适的感觉。

压力舒适性的定性表达和其他相关描述已有较长的时间，但对于整形内衣而言，人们仅仅以尺码来解决。究竟人体在何种约束下是最舒适的，或根本不存在最舒适而只是人体忍受不舒适的临界值为多少，到目前为止尚无有效准确的表达。最为主要的，应该建立合适的整形内衣动态压力分布预测模型，以便快捷准确获得各部位压力值，为整形内衣的功能设计提供依据。

5. 医用弹力袜

沈大齐等提出了医用弹力袜对下肢静脉曲张的预防和治疗机理。利用医用弹力袜所产生的压力压迫整个小腿和足部的浅静脉，压迫的强度以能压迫浅静脉而不致影响动脉供血和深静脉血液流动为宜。他们设计了测压仪，制作了腿模及编织了袜统试样。测压仪的设计原理是采用传感器作为测压探头来直接测量，根据有关规定采用外压源的加压标定方式，标准压源采用 INSTRON 1122 型万能电子强力仪。测量时将转换器插入到待测部位、乳胶膜朝向织物，记取传感器经放大后的输出电压值，根据测量系统的特性方程即可求出所要测量的压力值。

袜筒施加在腿上的压力，不仅取决于腿部的表面曲率，即可用拉普拉斯关系式(压力＝张力/半径)表示，可从腿部各部位周长所得计算半径作圆柱体模型来模拟真腿的各部位。在测试时，为了不使因测试头伸入腿模和织物之间而过大地改变测试部位的曲率半径，在腿模上挖一测试转换器形状的内陷方块，以埋入测试转换器的底座。将编织的 12 组试样，分别套在 4 种不同周长的腿模上，用测压仪进行测试，结果显示腿模周长与袜筒压成线性正相关。

第五章　功能防护服与人体保护

防护服装属于功能性中的一类，主要用于保护在各种劳动场所作业的人员免受劳动环境中的物理、化学和生物等因素的伤害。人的生活与工作空间各不相同，"服装—人体—环境"这一系统关系的适合内容也有差异，尤其是对处于非常态环境中的服装，必须使服装适应特定环境要求，并在特定的环境中具有特殊的匹配处理，来改变不利环境因素对人体的侵袭。当服装保护人体的作用被强调时，要求服装适合不同的特定环境，则服装的形式美要求被退居其次，其安全防护性成为首要考虑的因素。服装的防护功能是伴随着工业发展与进步而不断增加与提高的，其不仅是作业环境的需要，更是对人体保护的需要。本章主要介绍了防护服的基本概念，并针对防风耐寒服、阻燃隔热防护服等几种较为常见、实用性较高的功能防护服进行详尽的介绍。

第一节　功能防护服概述

目前，我国工业生产中的爆炸、火灾、剧毒化学物遗漏等灾难性事故频发，以及恐怖分子利用爆炸、化学毒剂袭击等手段危害公众安全，所以设计开发功能型防护服装，提高应急救援防护的防护水平就成为关键。我国是服装产品生产大国，也是防护服装的消费大国。据不完全统计，每年需要功能防护服约 800 万套，特种防护服装 1 000 万套，所以我国的防护服装具有广阔的市场前景。

一、防护服的种类

目前防护服装的应用领域已从最初的军事领域拓宽到普通民用领域。根据其应用领域的不同，防护服装可以分为公共事业用，军事用，医疗卫生用，工业、建筑业和农业用，娱乐用等几大类。防护服装的功能是针对特殊的作业环境而设计的，这些环境因素大致可以分为：物理因素（如高温、低温、风、雨、水粉尘、静电、放射源等）、化学因素（如毒剂、油污、酸和碱等）、生物因素（如细菌和病毒等）和其他因素。

根据防护对象的不同，防护服装又可分为两类：一般防护服和特殊作业防护服。一般防护服是指以常规纤维的纯纺或混纺织物为材料，用于防御普通伤害和污垢，一般作为作业环境下都适用的防护服，比如生产车间里的普通工作服。特殊作业防护服则是针对某一工作环境中存在的某种或某几种特征性的危害因素，具有特定的防护功能，适用于特定环境下穿着的防护服装，其中有阻燃隔热防护服、防寒保暖服、防静电服、防化服、防辐射服、抗菌防臭服、防紫外线服等等。防护服的详细分类及实例见表 5-1-1。

表 5-1-1　防护服分类及实例表

防护服对象及功能		防护服装的实例
物理因素	机械外力/太阳光	安全头盔、防护鞋、击剑服、冰球服、赛车服、防弹服、防紫外线服
	寒冷/雨水/风	南北极服、抗浸防寒服、保暖服、冷库服、水上救援服、防水透气服、防风服、拒水服
	高温/火	消防服、阻燃隔热服、通风服、液冷服
	电/静电	绝缘服、导电服、电工服、防静电服
	辐射/放射线	防辐射服、X 射线防护服、微悔防护服
	粉尘	防尘服、免洗服
化学因素	毒液/气	防毒服、防毒面具、放生化防护服
	油污/酸碱	抗油垢服、防酸/碱工作服
	药品	耐药品服无菌服、劳保卫生服、农药播撒服装
生物因素	细菌和病毒	无菌服、衣物人员服装、抗菌防臭服装
特殊因素	虫/蜂	防蚊虫服装、防疫服
	综合因素	航空航天服、深海潜水服
延伸人体功能		残疾人服装、儿童纸尿裤
其他类		多为空间头盔、手套、智能服装、网络防护服

二、防护服的设计

美国学者 R. F. Gokman 在服装设计研制过程中提出了“4F”原则，即 Fashion(时尚性)、Fit(适体性)、Feel(舒适性)、Function(功能性)。这是针对普通服装设计而言的。对于功能性防护服来说，防护和安全是第一位，也就是功能性的体现是首要的，穿着舒适性排在第二位，最后考虑时尚美观性。所以评价一件防护服装质量的优劣，可以从防护服的有效、安全适用、穿着轻便、舒适美观这几个方面来衡量。

与普通服装设计不同，防护服装的设计主要考虑到使用环境和作业的危险性，因此其号型、款式、结构和颜色等方面都要有特殊的考虑。防护服装的设计还要考虑到整套服装的组成部件和面料层次设计，这两方面对于保障防护有效、安全使用同样很关键。以消防员服装为例，其组成部件有兜帽、头盔、外套、裤装、腰带、手套、长靴等。设计实例如图 5-1-1 所示。

第二节　防水透湿性防护服装

防水透湿织物(Waterproof and Moisture Permeable Fabric)也叫防水透气织物，在国外又称“可呼吸织物”(Waterproof, Windproof, and Breathable Fabric or WWB)。防水透湿织物主要是利用外界水滴的直径(20～100 μm)与人体湿气分子直径(0.000 3～0.000 4 μm)之间的差异，使织物的结构孔隙既可以阻止外界最小水滴渗入，同时人体的汗汽可透过织物散发(图 5-2-1)。即水在一定压力下不浸透织物，而人体散发的汗液等以水蒸气的形式通过织物传导到外界，不会积聚冷凝在体表和织物之间而使人体保持干爽和温暖，从而实现了织物防水功

图 5-1-1 消防服设计实例

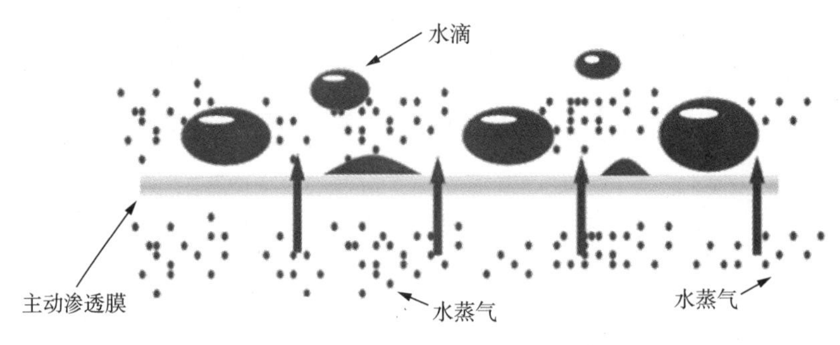

图 5-2-1 防水透湿织物原理示意图

能与织物热、湿舒适性的统一。其中防水透湿织物主要有高密织物、引入亲水基团涂层织物、微孔涂层薄膜层压复合织物、利用防水剂整理过的织物等。

在许多极端的环境下，防水透湿织物保护人体使其免受外界的热、风、水和有害药剂的伤害。同时它又允许潮湿的水汽从内向外进行有效的传递。防水透湿织物应用范围较广，其应用范围从恶劣环境下的休闲服到医用或军用的特殊服装，防水透湿织物允许汽态水以扩散的方式通过却能阻止液态水的渗入。在许多应用领域中，织物的透湿性被应用得十分宽泛。

一、防风耐寒服装

1. 防风耐寒服装概述

随着人们居住条件的改善，恶劣的自然环境较少地影响人们的日常生活，但当在寒冷地区进行户外活动时对防寒服的要求越来越高。极地地区是这种恶劣自然环境的极端代表，极地的温度可以低至－40℃，还有一些地方的温度可以降到－60℃，在这种极度寒冷的地方生存必须有特种的防寒服装和装备。

防寒服，国外称其为冷气候服，一般指温度在－51～4℃，且在有风雪的自然条件下能够维持人体正常的生活和工作所穿着的服装。美国陆军纳蒂克研究开发中心在其“极冷气候服装的使用和保养”的研究报告中指出：在冷、湿气候地区不宜穿着含羊毛成分的服装。原因是因为羊毛在吸收人体的汗液后排汗很慢，汗水的导热能力是静止空气的几十倍，这使得人体散热速度大大加快，人就感觉寒冷。建议在冷环境下穿着保温性能与导湿性能较好，且能快速将汗水排除体外的服装，使得人体皮肤保持干爽。

通常防寒服装与常规服装所采用的设计理念是不同的，防寒服存在着一些需要特别注意的地方。如果水进入织物内层，水则置换了一部分的空气，水的导热速率比空气要大得多，因此，人体因传导而损失的热量就多，面料所提供的热绝缘效果就会降低。水的存在也会增加因蒸发热而造成的损失。防寒服面料通常在各种环境和活动量时穿着，激烈运动后，汗液如果不能很快排除，湿气就会大量凝聚在服装内，寒冷时还会出现汗水冻结的现象。当风穿透面料时，纤维间和织物层之间就会形成对流，从而加速汗液的蒸发，引起热绝缘性减小。所以，防水透湿织物应具有较好的防风性，在寒冬足以抵抗冷空气透入服装内，且透湿性好，使得在激烈运动出汗后，也不会使汗液积存冻结而让人感到寒冷。

另一种极端的情况是潜水艇中穿着的防护服，其要求必须在长时间苛刻条件下具备防止溺水和寒冷的功能。在温度低于－30℃的风、雨、雪天气中工作时透湿织物的作用相当重要。

综上所述，防风耐寒透湿织物应当具备的性能有：①优异的防风保暖性能；②透湿舒适性；③耐低温性；④耐老化性；⑤良好的服用性。

2. 抗浸服

人体落海以后导致其死亡的原因有两种：一是淹入水中，水堵塞呼吸道窒息而亡；二则是低温海水浸泡，导致人体温度下降，生理功能逐渐失调，直到失去自救能力。为此需要一种防寒抗浸服来保证海上安全救生。防寒抗浸服是海军士兵、特种兵和飞行员必备的一种水上救生服。其作用是阻止水浸入服装内，防止体内热量在短时间内大量散失，维持人体进行正常的生理活动所需的体温，从而延长生存时间。

设计防寒抗浸服的材料必须从抗浸服的使用环境和功能要求出发。为防止海水浸入，降低服装的保暖作用，所使用的材料必须防水且为密闭结构，防止人体热量散失。人体的体表蒸发和出汗是维持人体正常生理活动和新陈代谢的主要方式之一。在寒冷的环境中，应避免湿气在服装内聚集、凝结及凝固而使服装的保暖量降低，所以服装还必须具有良好的防水透气性能。此外，抗浸服必须具有较高的强度，抗撕裂、抗折皱、耐疲劳、耐磨。为保证抗浸服的适体性，要加强密闭性，抗浸服材料还必须具有较好的弹性。

3. 冷藏库服装

采用防水透湿织物层所制作的冷藏库服装（图 5－2－2），适用于温度在－50℃的工作环境中使用，可根据其作业环境温度、工作量和冷藏库停留时间的要求来选择合适的产品。

图 5－2－2　冷藏库服装

4. 滑雪服

滑雪服属于户外活动服装的一种，在设计滑雪服时必须考虑其功能性。由于滑雪场地处于变化多样的低温气候条件，滑雪时滑雪服与人体容易摩擦，因此要求滑雪服必须要具有防风保暖、防水、耐磨及良好的透湿性能。这样的滑雪服既能抵御外界恶劣天气对身体的影响，又能有效地排除汗液，保证滑雪运动者舒适、安全地展开运动。

5. 防寒手套

手指为人体血液循环末端，容易被冻伤，因此对手套的保暖性要求很高。同时手指是人类最重要的劳动器官，触觉、感觉对手指操作的灵活性有极大地影响。在寒冷的环境下作业时，手指温度降低，关节僵硬，触觉减退，有丧失操作的可能。防寒手套具有防寒保暖、防止污染、避免伤害等功能，这对处在人体末梢部位的手的保暖性十分重要。

二、防水透湿雨衣

由于雨衣需要具备防水透湿的性能，通常采用涤纶或腈纶长丝织物作其基布，这样强力高、吸湿率低，使得雨水渗透减少，同时对于拒水耐久性有所帮助。但常规涤纶织物，尤其是长丝织物存在易钩丝、撕破强力低等缺陷。一般可以通过细旦长丝与细旦短纤交织的方法提高织物的强力与抗撕裂性和抗钩丝性；也可采用高密斜纹织造方法，既能提高涂层的防水性，又可以保持织物具有良好的柔软性。

拒水整理对雨衣来说至关重要，较好的雨衣面料应当是单面透湿，即接触人体面透湿，这样可以有效地将人体产生的汗液及时蒸发，提高舒适性。由于拒水处理后的面料可以使落在雨衣上的水滴很快滑落，有效地减少了水的渗透。

为检验雨衣的整体防雨性能，可进行人工气候仓淋雨试验。采用高低温人工气候仓，该气候仓可以模拟不同温度、不同日照强度、不同降雨量的气候条件。将试验样品按照实际的使用状态套穿在假人模型上，置于人工气候仓内，降雨量设定为仪器的最大降雨量(14 400 mm)，淋雨时间持续 6 h。试验结束后，若雨衣面料内测表面没有水迹，假人纯棉内衣没有湿痕，则证明雨衣材料的整体防雨性能良好。

为穿用方便，雨衣有分身式和长款式等不同的号型。防水透湿雨衣轻便耐用、便于携带、外形美观、结构设计合理，具有良好的防雨性，且长期存放后涂层布不粘连。其既可以在日常生活中和工作中使用，也可以用作军队的防雨装备(图 5－2－3)。

图 5－2－3 防水透湿雨衣

第三节 阻燃隔热防护服

一、阻燃隔热防护服及其应用

阻燃隔热防护服是重要的个体防护装备，也叫热防护服。阻燃隔热防护服是指在接触火焰及炽热物体后能阻止本身被点燃、有焰燃烧和阴燃的防护服，保护人体不受各种热的伤害。热防护服的实质是降低热传递转移速度，使外界的高温较慢地转移至皮肤。热转移速度用每秒钟通过单位面积的热量表示。热转移方式的不同，防护的要求也有差异。热转移方式一般有传导热、对流热和辐射热三种。这种防护服不仅能作为特种军服被大量使用，并且被广泛应用于各类宇航服、消防服、警用防爆服、赛车服及冶金、林业、化工、石油化工和电力等众多行业的专业服装。我国的阻燃隔热防护服主要分为两大类，即用于冶金、钢铁、焊接等行业的高温防护服和用于消防、森林防火的消防服。

二、阻燃隔热防护服的性能要求

1. 耐热性能

大火可以使温度在几分钟内升至600℃。即使在未直接失火的房间内温度也有300℃左右，可以溶化塑料的高温足以置人于死地。热防护服主要用于高温作业，须在高温环境下保持自身所具有的各项物理力学性能，不发生收缩、熔融和脆性炭化。

2. 阻燃性

阻燃性是指织物遇到特别高温或火焰时难燃或不燃，织物着火时能遏制燃烧蔓延，并且火源一旦撤离能立即自行熄灭。在火灾中，最严重的烧伤往往发生在人们衣服着火的部位，所以热防护服的阻燃性能是十分重要的。在热防护服的使用过程中，一般是织物的某一面去迎接火焰，例如消防作业服，在消防员进行火场作业过程中，很大程度上消防服的外侧直接接触火焰，而内测很少接触，这时就要求热防护服织物具备能抵挡火焰从一侧烧透另一侧的性能。因此还需要考虑织物对火焰的烧透性能。

3. 隔热性

在防护服的实际使用中，大多数使用者并不直接接触火焰，而是外界热量以热对流、热辐射、热传导的形式传递给人体，对人体造成伤害。热防护服必须具备较好的减缓和组织热量传递的性能，避免对人体造成伤害，给高温环境下工作的热防护服使用者提供良好的安全防护性。热防护服的隔热性不仅与其纤维原料的导热性有关，更与服装的设计，服装的面料、衬料、里料的结构有很大的关系。

4. 防液体透过性能

该性能是指热防护服具有阻止高温水、油、溶剂或其他液体通过服装纤维材料、织物内孔隙、服装接缝处、针孔的性能。热防护服防液体透过性能与服装用纤维材料性质、织物结构及服装结构有关。

5. 服用性能和穿着舒适性

热防护服除了具备热防护性能外，还必须具有良好的服用性能和穿着舒适性。例如具有一定的拉伸强度、撕裂强度、耐磨性、染色牢度和耐洗性，还应有一定的热湿传递性能，以有利于人体热量散失和汗液蒸发，具有较低的生理负荷。

此外，热防护服还要求质量轻、穿脱方便、结构宽松，对跑、跳、爬等动作没有限制，在容易受伤的部位采取加强措施，满足协调性和舒适性的要求，从而提高工作效率。

三、阻燃隔热防护服装的基本组成

美国安全消防协会(NFPT)的规范NFPT—1971与欧洲标准规范EN—469，均要求热防护服装必须由四层组成，即防火外层、防水透湿层、隔热防火层、防火内层，并通过黏结的方法把具有各种功能的材料结合在一起，使得热防护服成为阻燃、透湿和防火等多功能的载体，从而为人体提供全方位的保护。

1. 防火外层(The Outer Shell Fabric)

阻燃防火层是热防护服的最外层,该层直接与火源、热源相接触。在使用过程中会受到各种磨损和钩挂等,因此这就要求该层应具有永久的阻燃防火性能,其中包括防止直接灼烧的热传导性能和防辐射热色渗透性能,与此同时,还要求具有足够的强力和耐撕裂性能。

2. 防水透湿层(Waterproof and Moisture Permeable Fabric)

在外层的下面设有防水层,主要用于防止水或具有腐蚀性的液体流入内部,同时排除了人体的湿气。目前常采用聚四氟乙烯微孔薄膜(PTFE)作为防水层,该材料既可以防水又具有透气性,从而防止身体与服装之间所产生热压。我国 97 式消防战斗服使用的正是这种材料。

3. 隔热防水层(The Thermal Barrier Fabric)

隔热层是处于阻燃防护服面料的中间层,应用该层来防止热量的传入,以提高消防人员或高温作业人员的耐高温时间。因此,隔热层的材料要具有良好的隔热、防热辐射性能和良好的透湿性能。一般是选用服用性能较好的永久性阻燃短纤维做成的薄型毡类非织造布,例如100%防水阻燃羊毛、芳香族聚酰胺织物。

4. 防火内层(The Inner Layer)

防火内层要求穿着柔软舒适,具有良好的吸湿透湿性,在阻燃防护服中加入衬里层主要是从舒适性的角度来考虑的,从而可以防止外层织物与人体直接接触而产生刺痒感,若该层选材合理,还能达到良好的排汗效果,使工作人员在穿着阻燃防护服装时更加舒适。

第四节 屏蔽性防护服装

一、微波屏蔽防护服装

1. 电磁波屏蔽织物概述

随着科技的发展,大量的电子产品进入千家万户,在给人们带来便利的同时也带来了越来越大的电磁波辐射危害。经过一定强度和一定时间的电磁波辐射,人们会产生不适应的反应,主要表现为头疼、头晕、周身不适、疲倦无力、失眠多梦、记忆减退、口干舌燥,部分人会嗜睡、胸闷、心悸等不适。在空间传播的周期性变化的电磁场就是电磁波,包括长波、中波、短波和微波。

电磁辐射防护有两种方法:一是距离防护,二是屏蔽防护。距离防护主要是环境中电磁辐射强度随距离增大迅速衰减,与辐射源保持较大的距离,可以起到一定的防护作用。电磁辐射防护织物主要是利用吸波材料的屏蔽作用对人体进行防护。目前,有效的抑制电磁波的辐射、泄露、干扰主要是以电磁屏蔽为主。电磁屏蔽实质上是为了限制从屏蔽材料的一侧空间向另一侧空间传递电磁能量。电磁波传播到屏蔽服装表面时,通常有三种不同的衰减方式:一是在入射表面的反射衰减;二是未被反射而进入屏蔽体的电磁波能量吸收的衰减;三是在屏蔽体内部的多次反射衰减。

电磁波防护织物设计的宗旨是首先应具备良好的电磁屏蔽效能,即具有良好的导电性和导磁性,其次还应具有良好的服用性,例如对人体无刺激性、天然透气性、柔软性和耐磨性等。

2. 电磁波防护服装

20 世纪 80 年代后期到 90 年代初期，为防止家用电器的辐射危害，特别是对孕妇与少年儿童的影响，主妇屏蔽围裙、屏蔽大褂及青少年专用的屏蔽马甲开始风靡。从此，防电磁辐射屏蔽服装逐步走入家庭。

德国最大的防护服生产厂家 Tempex 股份有限公司和纺织材料供应商 Ploucquet 合作，使用银涂覆盖在织物的两面而开发出具有防电磁波辐射的纺织品，其具有很高的拉伸强度和透气性能，重要的是其制成的服装的屏蔽效能不会因拉链和接缝而衰减。莫斯科纺织研究院开发出能屏蔽电磁波的防护材料和防护装具，由极细的高含镍合金丝交织针织物制成。该织物对电磁波的屏蔽效能较强，而且其制成的服装只要按照一般针织品的水洗条件洗涤即可，且能多次重复水洗，不损害功能和外观，穿着舒适。美国 NSP 公司和 Euclid 服装制造公司合作共同制造了由微细不锈钢纤维制成的织物。对于必须在很强的发射天线附近的工作人员来讲，织物中的金属成分能大大降低对射频能量的吸收。

我国在 20 世纪 60 年代就开始对微波防护服进行研究，70 年代北京劳动保护科学研究所正式生产由铜丝和柞蚕丝混纺布制成的屏蔽服和微波吸收防护服，成功研发了不锈钢软化纤维织物与服装、特殊工艺镀膜屏蔽服和服装，并开始装备从事雷达、微波加热、微波理疗、卫星地面站、微波通信等系统操作的人员。中国人民解放军军事医学科学院和河北任远集团经数年钻研，利用专业技术将极细的金属纤维均匀混入棉纤维中，由其制成的织物具有较理想的防电磁波效果。该产品穿着舒适，能有效防止电磁辐射伤害和改善电磁辐射引起的各种症状，亦可以制成系列的安全防护用品，包括防护工作服、防护工作帽、手套和文胸等。

二、紫外线防护服

紫外线的波长范围在 0.01～0.04 μm 之间，人的肉眼是无法看见的。自然界的紫外线主要来自太阳的辐射，其辐射能量大约占太阳总辐射能量的 1%，占太阳到地面总辐射能量的 6%。国际照明委员会(CIE)将紫外线分为近紫外线、远紫外线和超短紫外线三种。这三种紫外线的波长范围和记号见表 5-4-1。

表 5-4-1　紫外线的波长范围和记号

名称	记号	波长范围(nm)	主要危害
近紫外线	UVA	320～400	对服装与皮肤的穿透较深，能引起黑色素母体转化，可引起色素沉淀，失去弹性、形成皱纹，被认为是造成黑色素瘤的直接原因
远紫外线	UVB	280～320	能量最高，对人体皮下组织危害较大，是导致皮肤病理学作用的主要区段，可渗透皮肤达几毫米，被真皮层吸收，引起血管扩张、红肿
超短紫外线	UVC	100～280	辐射能量高，对皮肤损伤程度最大，受大气臭氧层与空气介质阻隔影响，其大部分被吸收和放射，不能到达地表

这三种紫外线对人体皮肤的渗透程度是不同的。UVC 基本上都能被外表皮和真皮组织

吸收;UVB的透射能力较UVC大,会透射到真皮,引起皮肤红斑,形成黑色素和水疱;只有UVA才能透射到真皮组织下面,逐渐破坏皮肤弹力纤维,使得肌肉失去弹性,皮肤松弛老化。因此紫外线对皮肤的作用主要是UVA,它和真皮组织反应,加速其老化。

1. 纺织品抗紫外线的影响因素

(1) 纤维种类。不同纤维品种对紫外线吸收与漫反射的作用有较大的差异,这与纤维的组成、分子结构、纤维表面形态等因素有关。

(2) 纤维的结构。织物结构包括织物紧度、织物厚度、织物组织结构等因素。织物的紧度越大,其孔隙率与覆盖系数越小。紫外线的透过率也越小。织物越厚,吸收的紫外线越多,紫外线透过率就越小,施加抗紫外线辐射整理剂后,织物发挥紫外线辐射作用的主要是整理剂,织物增厚,抗紫外线辐射作用就不明显。

(3) 染料。染料的色泽及其用量对紫外线的透过率也有很大的影响。织物颜色的变化主要是染料对可见光辐射选择性吸收的结果。

(4) 后整理。织物对紫外线的屏蔽起着主导作用,但经过特殊非抗紫外线整理的织物,其抗紫外线的性能也会附带增强,如涂层整理、排水排油整理等,一方面增加织物厚度,降低织物的孔隙率,另一方面,由于整理剂本身的缘故,也可以增强紫外线的吸收。

(5) 湿度。织物的抗紫外线能力随其含湿率越高,抗紫外线能力越低,这是因为织物含有水时其散射减少,穿透性提高。

2. 防紫外线纤维在纺织服装中的应用

在纤维、纱线和织物中通过添加紫外线屏蔽剂而制成的防紫外线纺织品,显著提高了对紫外线的防护能力,其紫外线的屏蔽率一般可达到90%以上,有的纺织品其屏蔽率可高达99%。目前,具有防紫外线功能的涤纶类、羊毛类、蚕丝类等已经成为下游纺织品行业的首选原料。防紫外线织物的应用目标是以衬衣、罩衣、裙装等为主体的夏日女装,普遍得到众多年轻的女士青睐。防紫外线织物避免了皮肤被强烈的紫外线晒黑,不仅仅是服装,遮阳帽、高筒袜等也因附加紫外线的功能而备受欢迎。防紫外线职业装更具有实用价值,在户外进行作业需要的工装,如渔业作业服装、农业作业服装、野外作业服装等都需要具有强抗紫外线的功能,它们能保护烈日下工作的人们的皮肤。

三、隐身防护性服装

1. 光学隐身及防护服装

光学隐身技术是指在可见光及近红外波段的隐身技术。可见光是人的肉眼可以看见的光线,其波长范围在0.4～0.75 μm之间。在可见光范围内,探测系统的探测效果取决于探测目标与背景之间亮度、色度、运动这三个视觉信息参数的对比特征,其中目标与背景之间的的亮度比是最为重要的因素。光学隐身技术的目的为通过减少目标与背景之间的亮度、色彩和运动的对比特征,达到对目标视觉信号的控制,以降低可见光探测系统发现目标的概率。

迷彩隐身是利用涂料、染料和其他材料直接喷涂、粘贴在目标表面,从而减少、改变目标和背景之间波谱反射和辐射特性差异而实施的一种隐身技术。其目的是缩小目标与背景之间的亮度差别以及色度差别,降低目标的显著性和使目标视觉外形发生变化。迷彩隐身技术的关键则是如何选取斑块的颜色和确定斑块的形状大小。根据目标的性质和背景特点,迷彩伪装服可分为保护迷彩、变形迷彩和仿造迷彩三种类别。

其中，保护迷彩是接近于背景基本颜色的单色迷彩，用于伪装处于单调背景上的目标。保护迷彩的颜色根据目标所处背景的颜色确定，如在夏季草地背景中目标保护彩色为绿色草地，在冬季积雪背景中目标保护迷彩色为白色。变形迷彩是由几种形状不规则的大斑点组成的多色迷彩。多色迷彩符合目标活动地域的主要颜色，主要是用于伪装各种活动目标。伪造迷彩是防制目标周围背景图案的多彩迷彩，使得目标融合于背景之中，成为自然背影的一部分。士兵在执行侦察、潜伏和冲锋等各种战斗任务时，迷彩作战服具有隐蔽接近、伤亡减少等作用，见图 5-4-1。

图 5-4-1　迷彩伪装服

变色迷彩伪装服是利用仿生学的原理制成的一种能自动变色的光敏热敏变色纤维。该纤维不仅对光线十分敏感，而且温度与湿度的变化也可以引起颜色发生改变。光敏变色纤维能在紫外线或可见光照射下变色，使得织物出现图案花纹，而在弱光下或光线消失后又可以逆变为原有的颜色。变色纤维在军需装备上应用的一个成功范例是美军的“变色龙”迷彩作训服。“变色龙”是用光敏变色纤维制成的，能通过测知外界可见光和热源温度的变化来相应地改变自身颜色，使得迷彩作战服的颜色随着外界环境的改变而发生变化。

2. 红外隐身及防护服

红外线是波长为 0.75～1 000 μm 的不可见光，所有高于绝对零度(－273℃)的物质都会成为红外辐射源，可以通过特殊仪器检测出来。红外探测侦察是通过测量分析目标辐射的红外线，来对目标进行探测和识别。红外线隐身技术就是利用屏蔽、低发射率涂料以及伪装等技术改变目标的红外辐射波段或是降低目标的红外线辐射强度，隐蔽目标的红外辐射特征信息，从而实现可探测性。红外伪装隐身的实现途径是通过改变结构设计和应用红外物理原理来衰减、吸收目标的红外辐射能量，降低或改变目标的红外辐射特征，使得红外探测设备很难探测到目标。

在近红外线波段，红外侦视主要是利用目标与背景反射近红外线的差别来发现目标的。然而自然背景的近红外反射光谱是非常复杂的。即使是同一类景物，也随地区、季节、土壤干湿程度的变化而变化。常见的背景主要有绿(植物)、白(雪)、黄褐色(沙漠和岩石)。红外线识别图像不会有颜色的色彩差异，它发现目标的依据是其与背景的亮度差别。所以，通过染料染色使得织物表面尽量减少或消除与背景的亮度差异，且要保证织物染色后热稳定性较好，对红外线有较少的吸收，使织物表面和背景颜色有较好的协调，尽量避免镜面反射。

20 世纪 90 年代，美国陆军设计出三色红外隐身服，该服装由三层具有不同热红外发射率的材料复合加工制成。第一层材料呈黑色，在红外波段的发射率较低；第二层呈绿色，具有中等红外发射率，并以不规则的补丁形式叠加在第一层材料上；第三层材料呈棕色，在热红外波段具有较高的发射率，也以不规则的补丁形式叠加在第二层材料之上。第二层与第三层材料的补丁中开有小孔，使第一层材料的黑色部分显露出来。三色红外隐身服由三种颜色材料复合加工而成，其表面具有不同的发射率，能较好地模拟背景的光学特征，从而具有较强的红外伪装效果。

在近红外波段由于红外侦视主要是根据被伪装物的反射，所以该波段的伪装常常采用吸收性涂料涂层，即使用具有低的红外线反射涂层来模拟背景的反射。而在远红外波段，红外侦视主要依据被伪装的热反射，所以该波段的红外伪装采用低发射率涂层，从而缩小被伪装物与背景间在表面温度及热发射率上的差异。与此同时，为了更好地模拟背景，应该将红外伪装服表面的发射率设计成非均匀分布，并在一定的范围内是可变的，从而进一步提高红外隐身服的隐身效果。

第五节 功能性天然纤维防护服

一、汉麻织物与防护服

1. 汉麻织物

汉麻织物可分为汉麻纯纺织物和汉麻混纺织物。汉麻纯纺织物包括夏布、帆布、舒爽呢等。汉麻混纺织物可分为麻/棉织物、涤/麻织物、毛/麻织物、丝/麻织物等。汉麻纤维具有良好的吸湿透气性、散热散湿快、悬垂性好、抗静电、防紫外线等性能。

2. 汉麻防护服装

汉麻纤维因其具有的特殊性能，在防护服装领域起着非常重要的作用。汉麻纤维中的纤维素分解温度为 300～400℃，在 200℃以内或 200℃受热时间小于 30 min，纤维强力可以保持在 80%以上。汉麻纤维的耐海水腐蚀性能较苎麻和亚麻纤维要优越很多，脱胶汉麻经海水浸泡后纤维结构及强力没有明显的变化，所以汉麻纤维可用于开发海上防护用品和热防护服等特殊服装。此外，消防员在进行灭火时，如果防护服内汗液不能及时散发，则更容易造成伤害，所以将汉麻纤维较好的吸湿快干性能应用到消防服上，可以提高消防服的舒适性，使消防人员的安全得到更有效的保障。由于汉麻纤维具有良好的抗静电性，在一些需要抗静电性能的防护服装上，汉麻纤维是较好的选择之一。同时，汉麻织物在无特殊处理的情况下就可以屏蔽 90%以上的紫外线，而普通的衣着仅能阻隔 30%～90%的紫外线。汉麻帆布甚至能 100%阻隔紫外线辐射。利用汉麻纤维可制作防紫外线服装、夏季服装、滑雪服、登山服等。汉麻纤维制成的汉麻鞋袜具有抑制、杀死鞋内细菌和真菌的作用，从而达到抗菌、防臭、预防由细菌等微生物引发脚病的目的。汉麻鞋还具有阻燃的功能，且能迅速排汗导湿，提高穿着的舒适性的同时还增强了多重防护功能。

二、甲壳素织物及防护服

甲壳素纤维的强度较低，在其应用中通常需要与棉、麻、涤纶、腈纶等纤维混纺。在棉纤维中混入一定比例的甲壳素纤维：一是可以提高甲壳素纤维的可纺性，降低生产成本，并赋予混纺织物良好的抑菌、消臭等保健功能；二是甲壳素纤维和棉纤维均属于天然素材，对人体肌肤都有良好的亲和性，且能生物降解，不会对环境造成污染。甲壳素纤维强度较低，弹性回复性差，纤维易断。甲壳素不溶于水、有机溶剂，可溶于浓硫酸、浓盐酸、85%磷酸，易溶于醋酸水溶液，因此染色后酸洗调节布面 PH 值时不能用醋酸，而应该采用有机酸。甲壳素纤维对老年人皮肤干燥、瘙痒等具有很好的改善作用。儿童的抵抗能力较弱，容易受到外界病菌的侵害，童装需要注意不要成为病原菌的媒介物。婴幼儿用嘴舔吸衣物的情况是很常见的，所以衣物的清洁也很重要。甲壳素纤维对皮肤无刺激、不过敏，可以改善尿湿疹和红臀，常用于制作婴幼儿服装。

三、竹纤维织物及防护服

1. 竹浆纤维织物与防护服装

竹纤维是一种新型绿色环保纤维，其可以纯纺，也可与棉、麻、毛、丝、黏胶等纤维混纺或交织，从而发挥纤维各自的特点，弥补了纯纺产品的不足，提高了产品的附加值，极大地迎合了消费者的新理念。例如，一定含量的棉纤维与竹浆纤维混纺，既可以保持竹浆纤维热透气、凉爽快干的优良性能，又能在很大程度上改善纱线的可纺性与成品质量。利用竹浆纤维初始模量较高、耐磨性能好、吸湿导湿性能强、透气舒适、抗菌、色泽亮丽的特点，可用于开发抗菌、保健等功能性服装。但竹浆纤维受到外力作用时，纤维间容易产生塑变形，破坏条干均匀度，纱的弹性强力有所下降，断头增多。因此，在织造时纱线的张力应合理设定，偏小掌控，以减少纱的伸长，保持纱的弹性。

2. 竹炭纤维织物与防护服装

利用含有竹炭纤维的抗菌性、抗静电性、遮挡电磁波辐射等性能，可以制作特殊的防护用品，例如孕妇保护服，医疗防护服，矿山、石油、天然气操作现场工作服，军事航天操作人员防护服等。此外，含竹炭纤维具有发射远红外线和负离子的功能，并且含有益于人体健康的钾、钙等矿物质元素，对关节炎、腰椎病、肩周炎等有保健的特殊疗效，可利用此功能开发保暖内衣、护腰等保健服装。含竹炭纤维的自动调湿、吸湿排汗等功能，使其成为较为理想的抗菌内衣面料。用含有竹炭纤维开发研制的竹炭鞋垫能保持足底干燥，清除异味，在吸湿排汗的同时产生热效应，加速足底微循环，起到保暖和防脚气的作用。

第六节　活性炭吸附性防护服

一、活性炭类吸附材料

活性炭是一种非常优良的吸附剂，其利用木炭、竹炭、各种果壳和优质煤作为原料，通过物理和化学方法对原料进行破碎、过筛、催化剂活化、漂洗、烘干和筛选等一系列工序加工制造而成。其具有物理吸附和化学吸附的双重功效,可以有选择性地吸附气相、液相中的各种物质,以达到脱色精制、去污提纯和消毒除臭等目的。活性炭由于其大的表面积、微孔结构、物理和化学性质稳定、较高的吸附能力和较好的表面活性而成为独特的多功能吸附剂。活性炭可以黏附在各种形式的材料上,包括低密度的柔性聚氨酯泡沫、起绒棉布和非织造布,用作防毒服的吸附层。

活性炭纤维是利用炭纤维技术和活性炭技术相结合而发展起来的一种新型炭质吸附材料,其以纤维素、酚醛树脂、聚丙烯腈和人造丝等为原材料,经炭化和活化制成。活性炭纤维比活性炭表面积大、吸脱附速率快、吸附效率高、可以吸附多种化学物质和微生物,并且吸附脱附速率比活性炭快很多。在防护装备中主要应用其防毒、抗菌和核防护性能。

二、活性炭类吸附材料在核生化防护服中的应用

根据不同的外界环境和防护水平,核生化防护服装可应用不同的防护材料和服装设计款式。其工作原理是将人体与外界有毒或放射性环境相隔绝,同时又能清洁地与外界进行物质与能量的交换,从而维持人体正常的生理机能。理想的防护服及防护材料应该对毒性物质有很高的阻隔性,同时具备持久的服用性和良好的穿着舒适性。

活性炭吸附材料在防护服中的应用始于20世纪60年代。1966年英国用纤维织物取代了橡胶防护服,定型为MK-Ⅰ,其能够防止毒剂液滴、毒气、细菌和放射性污染。1972年MK-Ⅲ型防化服问世,即核生化(NBC)防护服。其结构分为内外两层:内层为轻而薄的非织造布,纤维上喷涂活性炭以吸附化学毒气,活性炭粉末牢固地附着在非织造布上,可以穿脱30次以上;外层为锦纶织物,经过防水、防油与阻燃处理,可防化学毒剂液滴渗入和微生物污染,也可以防放射性核尘埃及一定程度的光辐射。20世纪80年代,英国和美国共同研制出活性炭纤维防护服,解决了活性炭纤维强度差、不耐洗涤的缺点。20世纪90年代,德国推出具有多层结构的防护服,外层采用拒水拒油整理织物,内层为粘有微球形活性炭的棉织物。球状活性炭约为85%的表面用于吸附毒剂蒸气,剩余的15%表面被黏合剂覆盖以粘贴到基布上,得到含有1 mm厚的活性炭复合织物。该防护服完全防止各种有毒气体和液体的毒害,具有重量轻、透气性好、防护时间长的优点。我国研制成的M-82型透气式防毒服具有与英国MK-Ⅲ型防护服相类似的防护性能和透气性能。这种防护服的外层是憎水性的织物,可以防止毒剂液滴在防护服表面浸润,内层是含炭绒布,具有良好的防护性能。活性炭粉末黏合强度很高,具有较低的热负荷。FFF-82型透气式防毒服进行了改进,重点解决了防毒服与阻燃、伪装功能兼容问题。该防毒服的吸附层是在起绒织物上喷涂含有活性炭粉的混合胶。

第七节 智能防护性服装

智能纺织材料是从纺织纤维和消费品中派生出来的新一代纺织新品,其能够对外界环境和人体做出感应,并能改变材料性能以适应外界变化。智能纺织品集中体现了高科技的发展,其智能化来自于织物中所加入的特殊成分。这些成分可以是电子装置、特殊构造聚合物甚至是着色剂。许多智能纺织品的设计是用来补偿环境中的不良条件并以此提供更好的保护。因此智能纺织品的功能,如调温功能、变色功能、形状记忆功能等,十分适合用来开发各种用途的

防护服。

一、调温防护服

调温纺织品是一种具有双向调温功能的新型智能纺织材料，通过吸收、存储和释放热能而具有温度调节作用的纺织品。类似的还有通过吸收、存储和释放化学能或释放光能等而具有的温度调节功能的纺织品。其主要可分为凉爽功能、产热功能和相变调温功能三大类。

(1) 凉爽功能织物。其利用天然纤维、超细纤维表面的微细沟槽或异形断面纤维的虹吸、扩散和传输的机理，通过混纺或组织变化等工艺来生产面料，能迅速将肌肤表面的湿气或汗液排出，从而带走运动产生的热量，保持肌肤干爽与清凉。

(2) 产热功能织物。Toyobo 和 Mizuno 两大公司联合推广一种使用 EKS 纤维的“breath - thermo”，具有很好的产热功能。EKS 纤维能够以粉末的形式添加到聚酯织物中去，具有很好的产热功能，而且还具有防水、防静电、抗起球、除臭、阻燃等功能。该纤维被广泛用于女式贴身内衣、被褥棉絮、男士服装、运动装等。EKS 在夏季有着和冬季一样的用途，因为它的生热性能可以被经过改进而继续保持较高的吸湿性、导湿性和干燥性能。

(3) 相变调温织物。在头盔、膝盖护垫和肘部衬垫等保护性装置中应用微胶囊相变材料，可以适当地控制这些部位汗液的产生和排放。通过微胶囊内的相变材料的相变可以调节身体局部温度的平衡，以减少热湿的产生，从而为人体的这些部位提供适当的冷却度。在军事领域中，温度调节纤维可以用于制造飞行保暖手套、军用冷热作战靴、潜水服、冬季服装、海军陆战队微气候冷却服装等。

二、形状记忆防护服

目前研制和应用最为普遍的形状记忆纤维是镍钛合金纤维。在由英国防护服装和纺织品机构研制的防烫伤服装中，镍钛合金纤维被初次定型为宝塔式螺旋弹簧状，而后被进一步加工成平面状并固定在服装面料内。当服装表面接触高温时，形状记忆纤维的变形被触发，纤维迅速由平面边变成宝塔状，在两层织物内形成很大的空腔，使温度远离人体皮肤、预防烫伤。

具有形状记忆功能的聚氨酯可以制作高性能防水衣，该防水衣可随着温度的变化而改变。当潜水员穿着防水衣在水中遇到低温时，该材料密度加大，即可实现密封的防水性能；当潜水员登岸后，在正常呼吸空气状态下，该防水衣就如同其他衣物一样，从而能有效地避免潜水员穿着该防水衣不透气和身体过热。此外，利用 PPT 纤维所具有的形状记忆功效，可以满足人们对服装中不同造型效果的要求，尤其是衬衣的领口、袖口或其他需要较高形状保持要求的部位和服装。当服装产生变形后，只要将环境温度增加到变形回复温度以上就可以回复到定形时的形状，利用这个特点可以制作免烫衬衫、防烫伤防护服、医护服饰等。

三、电子智能防护服

电子信息机能纺织品是目前技术织物领域的研究热点，它将微电子、信息等技术融合到纺织品中，能按照预先的设定采集信号，并能对信号作出处理和反馈。在现在已经开发的产品中，柔性电子元件被植入纺织品内部，传感器、柔性体纺织开关、柔性电子线路板、导电纱线与纺织品融为一体。

1. 光线传感器智能监护服

防护衣的穿着舒适性不仅具备"舒适"的概念而已，而且主要是针对防护性来设计。据统计，大约50%的消防人员在执勤时是死于中暑、心脏病及循环系统受破坏等原因。一般防火衣仅仅是保护消防员免于烧伤及外伤，因此，必须还要具有良好的生理检知功能。光纤传感器是一种可以探测到应变、温度、电流、磁场等信号的纤维传感器。将光导纤维和导电纤维织入织物中，制成一种能准确、及时监测穿着者的心率、呼吸、体温和其他生理指标的智能T恤，可以监测消防员在灭火过程中的生理状态，用以判断消防服是否满足使用需求。

2. 定位智能服

欧洲的Hewlett Packard实验室开发出一种定位系统智能服装。这种服装配有个人局域网、全球定位系统、电子指南针及速度检测器。衣服中的个人局域网有数据传输、功率和控制信号等功能，可以联入几个装置，它们通过一个配有小型显示器的遥控装置进行集中控制，其小型显示器可以置于衣袖上或被佩戴在头上。使用这种方式，穿着者在任何地方均可以被定位和跟踪，在危急情况下更有优势。

3. 防撞击服

人们在日常生活中经常会受到撞击，例如从事体育运动的人员，尤其是职业运动员，在训练或比赛的过程中难免身体会在高速运动时受到意外撞击。传统的衣料在遇到撞击时，会随着受力方向下陷，将力量直接传导到穿着者的肉体上。但若在容易受伤的部位附上像头盔一样的硬物作为保护，则会影响到运动的灵活性。因此，一般的防护服都是在轻便的同时，尽量保证适当的弹力和厚度，目的是起到一个缓冲作用。但当人们受到很大冲击时，还是很难避免受伤。英国赫特福德大学创新中心和伦敦D30Lab公司合作成功研制一种可抗击的衣料，它可以减轻人们在撞击过程中的伤害。这种名为D30的材料平时轻而柔软，但在受到强力撞击时会彼此勾连，形成坚韧的保护面，原来松散的分子之间形成稳定的连接，从而变得更坚硬。若撞击力越强，则变硬的反应就越快。当撞击结束后，衣料又会立即柔软如初，并不会限制穿着者的灵活性。

第八节　劳动防护服与功效设计

劳动防护服设计是为防护职业人员在工作过程中免受或尽可能免受伤害以及在生理、心理、标志识别、企业风貌等方面最大限度地提高可靠程度和工作效率的一种措施，适用安全、经济美观、提高工效、身心保健是劳动防护服设计的总则。

随着国民经济的飞速发展，各种新设计、新设备、新材料及新科学应运而生，劳动防护服设计已经逐步成为一项多学科交叉的全新的系统工程。尽快建立适合我国国情的有关劳动防护服设计的基本理论和方法，对迅速改变我国当前较为落后的研究现状，促进新生产力的发展具有重要的现实意义。

一、劳动防护服设计的思路

1. 劳动防护服设计依赖于人因工程学

在国内，人因工程学有"人体工程学""人机工学""工效学"等多种称谓。著名的美国人机工程学家和应用心理学家 A·查帕尼期对这一学科的定义是："在综合各门有关人的科学成果的基础上研究人的劳动活动的科学。"

劳动防护服设计的人机关系结构如图 5-8-1 所示。劳动防护服的人因工效系统如图 5-8-2 所示，这一系统涉及许多学科领域，但不是某一学科的全部，它是由各学科的相关部分重新构成的新系统。在实际应用时，不同种类的劳动防护服在不同环境条件下的具体设计对某些学科的偏重点会有所不同。

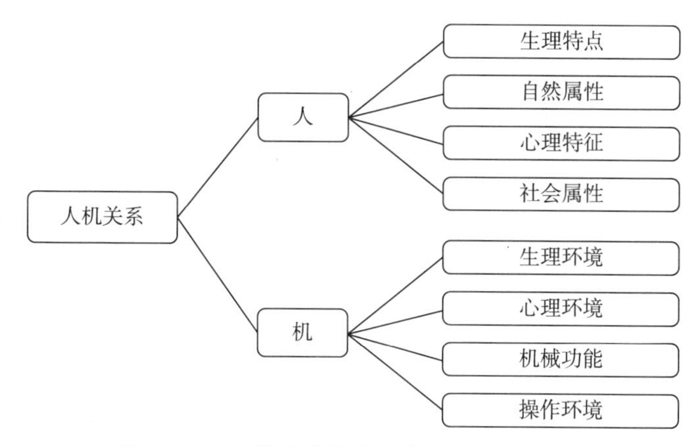

图 5-8-1　劳动防护服设计的人机关系结构

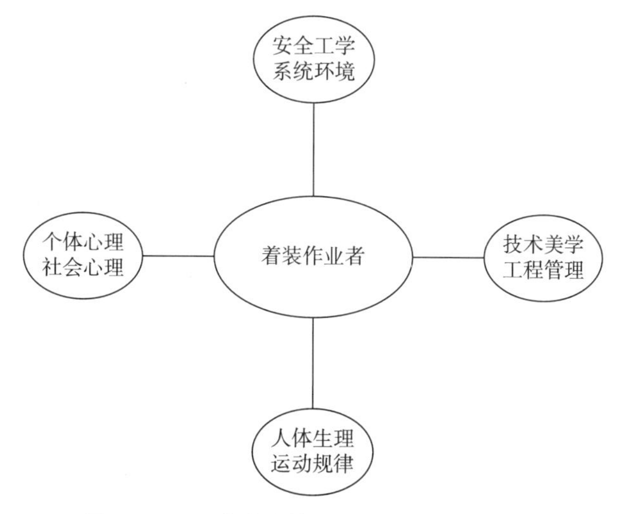

图 5-8-2　劳动防护服人因工效系统示意图

2. 劳动防护服设计的系统模式

建立系统逻辑模式，可以为进一步建立数学模型及应用 CAD 技术进行劳动防护服设计奠定基础。为此，要分析研究对象，建立系统概念及确立设计程序。传统人机工程学以人—机—环境为宏观结构，劳动防护服设计是从服装的角度为着装作业提供工作条件。因此，研究时需要把服装的因素单独提出，作为新系统的要素，如图 5-8-3 所示。

(1) 衣包括服装的款式结构、面料质地、色彩搭配，还包括舒适性能、卫生性能、防护性能、穿着性能和视觉性能等。

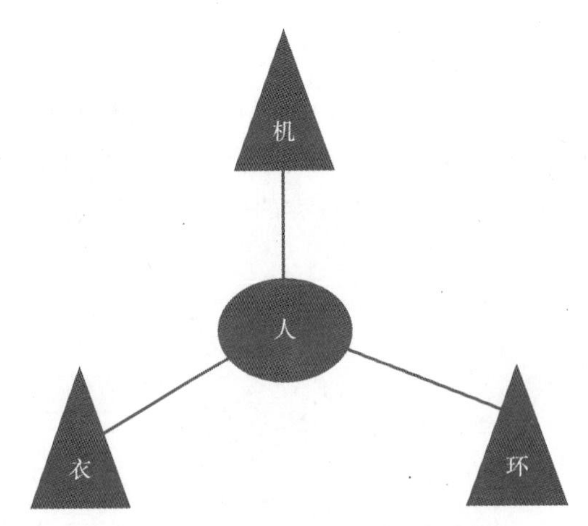

图 5-8-3　劳动防护服研究对象

(2) 环，即环境，包括自然环境(色彩、采光、厂房、声音等)和社会环境(集体意识，心理环境，配合方式等)。

(3) 机指机械、机器等，一般泛指与作业者发生直接关系的工具及设备。例如，工作台的尺寸，作业者的动作范围、强度等，这都是设计防护服的重要依据。

(4) 人包括作业者、管理者以及他们所形成的关系。

劳动防护服的外延包括人体上的一切覆挂物，诸如鞋帽、手套、口罩、眼镜等。劳动防护服设计的一般思路可归纳为：设计主题(材料、构成)与时间、地点、对象、目的。

二、劳动防护服的实用性

实用性是劳动防护服的基本要求。为了方便设计、使用与管理，可以把劳动防护服的实用性能分为三个部分进行研究。

1. 作业—人因—工效性

着装者在作业时，应满足作业动作的要求，减少动作阻力，最大限度减少疲劳，从而提高工作效率。穿着劳动防护服满足特定时空下的动作规范是工效方面的基本要求，其具体的研究内容应包括：一方面是研究人体的生理特征；另一方面是研究人体与劳动防护服之间的关系，包括颈部与衣领的关系、躯干与大身的关系、上肢运动与袖子的关系、下肢运动与裤子的关系等。

劳动防护服的设计，既要最大限度地使躯干和肢体活动自如，减少牵制、降低疲劳，又要尽可能地造型美观。服装上的相关因素有很多，其参量及指标的配合，需要由具体职业的运动特征而定。劳动防护服设计应始终依据衣片结构(如规模尺寸、落肩、袖窿深等)与职业性质之间的变量关系。

2. 防护—卫生—舒适性

美国安全管理工程师海因里希提出过一个伤亡事故发生的规律，即所谓“海因里希法则”。他对 50 万件跌倒事件作了统计分析之后确认，重伤事故 ∶ 轻伤事故 ∶ 无伤事故 = 1 ∶ 29 ∶ 300。这一法则告诉我们三个事实：一是不同工程的事故概率分布不同；二是一个事故的后果所产生的损失大小或损失种类由偶然性决定；三是反复发生的同类事故常常并不一定产生相同的伤害。

海因里希法则对劳动防护服设计的意义在于：防护目标及重点是以无伤事故开始的，即防患于事故潜在的初始状态；一切可能的潜在伤害因素都应最大限度地通过设计来防护；每一个服装构成要素都要对防护有一个目标指向，否则可能会发生海因里希式的“连锁反应”。例如：整体结构不合理会使运动受阻；色彩不合理会造成识别失误等。尽管劳动防护服的防护（尤其是软防护）效果不是立竿见影，但绝不是小题大做。在职业系统中，服装设计的防护是其中一个子系统，如果劳动防护服设计不合理，也是导致事故或伤害的相关因素之一。

劳动防护服的卫生是研究如何通过设计增进人体健康，使之有利于工作时人体与服装的能量交换及传递，至少不影响人体正常机能的发挥以及着衣方法的一门科学。作业时，劳动防护服必须满足的卫生功能条件为：满足生产基本要求；防止明显和潜在的疾病（非固定职业病）；不得妨碍作业动作；有利于提升作业者的精神状态，即心理软防护。

针对劳动防护服的用途，本文提出如下定义：

（1）内防护——通过直接与皮肤接触的防护。

（2）外防护——通过着装的外层所采用的防护措施。

（3）软防护——通过色彩、风格等形成对作业者心理的防护。

（4）硬防护——通过材料、款式、结构对作业者生理的防护。

（5）强防护——重要度（或基础度）较大的防护。

（6）弱防护——重要度较小的防护，如静电与皮肤。

3. 造型—标志—美学性

除了上述的“硬防护”问题，设计要求的另外两个要素——形象与情调，已成为现代企业文化的重要组成部分，同时也起着“软防护”的作用。“软防护”是深层次防护的重要内容，包括款式的造型和色彩的视觉效果。图 5－8－4 为防护服示例，其款式造型主要涉及三个方面：①轮廓。从造型角度来看，它忽略了服装内部的细部结构，表现出大的效果。②分割（工艺上称为开刀）。造型上它是服装上重要的风格线，分割形成块面格局，通常可与色彩拼接统筹考虑，它也是形成情调与视错的重要因素。分割线可以采用多种工艺手段，不同的分割显示出不同的性格特征。③局部。即局部的造型结构，如领型、袖型、门襟、克夫、口袋等。局部作为款式要素之一，同样具有功能并产生视错效果。比如袋盖既要防尘，又同时产生造型的效果；抽褶既可调节局部的活动量，又可丰富视觉；局部镶拼弹性材料可增强运动功能等。

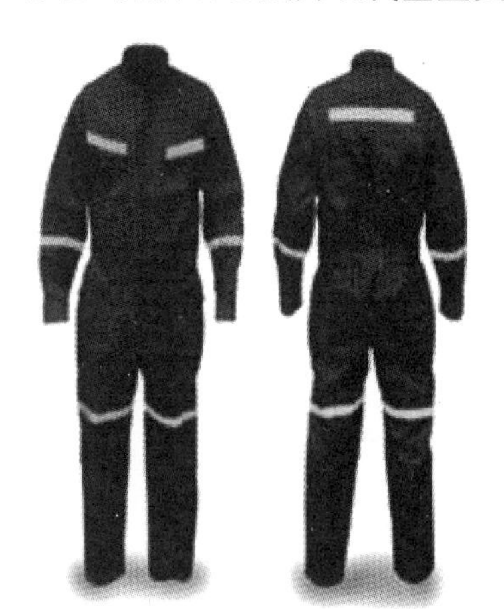

图 5－8－4　劳动防护服款式图

色彩在劳动防护服设计中的作用，主要表现在生理作用和心理作用两大方面。色彩的生理作用是指对神经系统的刺激及病理作用，色彩的吸热与反射等热作用。色彩的心理作用象征联想与情绪体验，具有安全标志与环境识别的意义。劳动防护服色彩设计所表示的内容，与人们主观意识有某些必然的联系，它以简练、醒目的线条和色彩勾画出款样，使人们一看见这些构成形式，就能正确地联想起设计预期要代表的事物，并引起特定的情绪体验。

三、劳动防护服装设计的十大原则

国家标准(GB/T 13661—92)对防护服设计作了“安全、适用、美观、大方”的总体要求。本文根据对机械行业作业的调查,提出以下具体的设计原则。

(1) 四严处理。即领口严、袖口严、下摆严、裤脚口严。设计应严而不紧,使劳动防护服穿着舒适自然,便于作业活动,避免杂物进入衣内。裤脚口严及上衣的三严应依据作业条件规定其程度和方式。

(2) 领部可调。要求普通劳动防护服的领部结构尽量采用具有调节作用的开关式领型,以增加对工种和体型的适应性。

(3) 袋口封闭。作业时袋口结构不应呈张开状态,以防杂物落入或被挂住,宜采用半侧身的斜插袋结构、袋盖结构及钉扣封口。一般上衣口袋和裤子口袋要求最多不超过两个。上衣胸部位置的袋口不大于 12 cm,侧袋及斜插袋口应不大于 18 cm。

(4) 便于运动。方便作业时的运动应作为普通劳动防护服的基本要求,即劳动防护服设计在起到防护作用的同时,还要适于穿着者的作业活动方式。具体表现在款式设计和衣片结构的参数上,例如,组装车间装配工穿着的劳动防护服,袖山不宜过高(中号不超过 14 cm)而袖窿肥与袖肥不宜过小,以方便攀、登、拉、抓等作业动作。

(5) 避免缠挂。应最大限度地减小被环境物体、设备等的拉、牵、缠、挂的可能性。在劳动防护服上尽量少用或不用活体结构,劳动防护服的装饰方式主要采用色彩拼接,如异质拼接及单色分割、嵌线等,要求造型协调,避免时装化。

(6) 局部改善。根据作业时人体各部位的运动情况和需要,考虑劳动防护服使用面料性能的不统一性(如耐磨性较好的面料,其透气透湿性未必好等),对于肢体活动较大的部位,皮肤与外界热交换较强的部位要进行局部强化设计,以充分发挥面料的功能。领口采用罗纹或针织面料,可改善衣领与颈部的触感。对于运动量较大、在高温环境下的防护服应在腋下、肩背等部位采用吸湿性较好的面料拼接或设计气眼,但应以不通过尘土杂物为基本要求。对于作业时经常磨损、易于损坏的部位,应考虑局部补牢的设计,但要取得造型设计的协调。对于作业运动较大的部位,为了不影响整体造型的轮廓比例,可采用局部运动张力改善的方法。在作业牵制作用较大的部位可采用弹性面料的镶拼设计或采用局部松量加大的设计。

(7) 色彩适宜。普通劳动防护服的色彩设计应有利于作业者的心理健康。过分的鲜艳和过分的单调灰暗都会影响作业者的情绪。应根据不同职业的特征来考虑配色主题情调,例如冷色调在感觉上有降噪的作用等。处于较危险的工作环境,应在劳动防护服、帽子上采用或部分采用高明度、高彩度的色彩。对于自动化、现代化水平较高的工作环境,色彩设计应便于工种识别、职业辩别,以发挥色彩管理在技术管理中的重要作用。色彩设计还应有利于与工作环境色调的协调,美化作业者的形象,体现企业风貌。

(8) 全面分析。必须全面地考虑劳动防护服的造型设计,要根据作业状况、构成造型要素确定设计主题,满足职业要求。

(9) 经济合理。劳动防护服选用的面料档次、款式复杂程度、工艺制作难度等方面要综合考虑,追求合理化的性能价格比。

(10) 标志清楚。安全性标志不宜与生产厂家的宣传性标志在视觉上混淆。局部标志的设计应体现作业者的特定要求,有关规定参考国家标准。

第六章　服装设计与人体工效学的关系

对于富有生活经历与社会阅历的人来说，他们都具有服装创造的经验，这种带有经验性的选择或评价富有价值，它来自本能的生理需求及不同文化层次的好恶定位，就像饮食一样，人人具有美食家的天性。生活中的一个例证，就能说明不只是设计师懂得服装与人体的关系，普通的穿着者们也会凭直观、感性来本能地要求服装具有人体工效作用。如某女青年体型为“挺胸型”，乳房形态为“圆锥状”，她的夏日衬衣多通过定制才能使着装后前后衣片下摆平行。因为商店内出售的成衣类，前后衣片的长度基本一致，被穿着后，由于该女士身体形态是挺胸型，就显得前片吊悬、后片偏长。而自己度身定制的服装，前片放长的量是胸部挺凸的弧线长度，虽然平面尺寸不等，但在着装效果上却是相等。这充分说明该女士巧妙地利用了人体形态与造型的关系，即体形与款式造型的一致，这也是服装人体工效中的重要内容之一。

服装人体工效学中的设计以科学的数据及测试的数据给予人们科学、系统地指导，为人们提供符合自身需求的设计理念，这里主要以理化指标及“服装一人一环境”系统之间的匹配为主，而不是对服装表面形式美的夸夸其谈，能改变一些常被人忽略的着装误区。例如，生活中一般人都认为，内衣材料为羊毛成分能代表生活品质的提高，制造商也努力提高羊毛含量的比例从而表明自己产品的身价，但殊不知对于服装人体工效学中的卫生学要求及造型要求来说，羊毛纤维并不是制作“第二肌肤”的最佳材料。因为羊毛纤维缩率大，尺寸稳定性差，与皮肤排泄物发生作用后易变色和霉蛀，肌肤触感一般，未能达到内衣应勤洗、尺寸稳定、卫生柔软的最优条件。而选用棉纤维与莱卡弹性纤维混纺的材料，以针织线圈结构织造，既有柔软性与压缩弹性，又有尺寸稳定的保形效果，吸汗透气等物理性能也优于羊毛。

服装人体工效学的目的在于使服装设计与人体各部位要求相适应，使人体与服装界面达到整体上的内外和谐同步，进而显示最佳状态与最优绩效。“内”指人体受到服装作用的部分，“外”指服装服务于人体的内容，二者之间的联系客观且富有系统性。在人体部位与部位之间，人体与服装、服装与人体各个界面上，尊重人体固有形态结构，才能使服装有效地作用于它，也使受到服装作用后的人体更具卫生、舒适、合理的效能。本章所研究的人体各部位，与解剖学中人体体表区分不同，仅针对与服装关系密切的颈、肩、胸、腰、四肢、臀等部位作静、动态分析，并着重在与之配合、关联的服装处理上。

第一节　人体对服装功能性与穿着性的要求

人体和衣服构成一个系统，它们之间相互作用且具有相关性、集合性、目的性、动态性等主要特性，以满足人体综合要求为目的，设立的评价内容是满足人体穿着方便和穿衣感觉的实效。人体的特性有着形态、运动机构、生理条件等客观的存在，衣服特性的确立与评价必须以此为轴心，在顺应、匹配、和谐默契中最大限度地满足这个轴心的运动要求。下面对人体与衣服特性的要求进行综合评价，使设计师在设计的初始阶段就考虑这些要求。

一、体表一体性

所谓体表指人体的外在表现结构和形态，是由骨骼、肌肉、皮下脂肪的差异而呈现的不同表象。无论什么造型的服装，均体现它与人体体表的紧贴程度，或松或紧、或长或短，这些松紧长短必然与体表接触，并要求它具备皮肤的机能，期望衣服与人体体表一体化。造型与体表的协调及材料上的柔软、伸缩及弹性在设计的初始阶段至关重要。考虑人体体表与衣服空间的容许量，应根据性别、年龄、体型、各部位尺寸来确立。

二、可动作性

可动作性与人体体表一致的特性有关，指衣服要满足人体形态的可动范围及皮肤的伸缩、呼吸等人体运动属性。衣服的运动及人体动作的运动要适应，不能有牵引感、束缚感。如吊带裙裤既不能在肩部有拉紧、抽直状，也不能松垮，以满足脊椎最大弯曲量为可动值。青少年女性的紧身衣不宜用无弹性材料，否则包紧后不便动作。

三、复原性

复原性体现在服装能随人体运动而变化，而当人体运动结束时，衣服能复原的性能。除了结构上的牵制外，还要考虑材料的压缩弹性与伸缩性。

四、吸汗性

吸汗性是为调节人体生理机制考虑的。人的出汗量可分为有助于体热发散的有效汗量、附着在皮肤上的附着汗量、流淌下来的汗量三种。有助于体热发散的有效汗量，可以用吸湿性、放湿性、通气性与含气性好的内衣来解决。

五、人体与衣料合适性

衣料与人体的配合，涉及到纤维性质、织造方式、款式定位等各种关系。这里讲的衣料与人体的合适性，仅指选择合适衣料的几项常规特征，可从四个属性来考虑。

(1) 满足人体运动属性。以柔软、伸缩、压缩弹性为佳。如内衣、运动服、调整型服装应首先考虑选用此类性能面料。

(2) 满足生理属性。以吸湿、通气、含气性好为佳，解决人体因服装而导致的人体发汗闷气感，并使人体内过剩热量得到散发。面料中如果空气保有程度高和通气性好，还可为体温调节起作用。

(3) 满足力学属性。如耐磨、耐疲劳性、刚软度，一般防护类服装均需考虑这个属性。

(4) 满足质量属性。指服装的保色性与缩水性，否则再好的服装形式与色彩也会失去价值。

六、皮肤弹性与服装弹力

皮肤具有弹性，而且不同年龄段的人的皮肤弹性不一样 。在服装设计中，要考虑服装如何能使皮肤感觉更舒适、更配合运动，皮肤实质的延伸度最高为 30％～40％，而服装面料与皮肤接触的部位也应富于延伸性，也就是生活中所要求的弹力面料，其弹力程度要略高于皮肤延伸度，否则会有牵引、僵硬感。

第二节 服装构成与人体的关系研究

我们已从人体解剖学、生理学方面了解了与人体形态有关的内容，目的是为了服装构成能与人体构造及形态匹配。

从服装构成的视角来研究服装与人体形态的整体关联性，是服装人体工效学中人与衣服的界面关系，主要表现在人体各部位与服装各部位的关系、人体全身形态与服装整体形态的关系。人体与服装构成一个整体形态时，二者具有同样的方位性，这个方位指整体形态外观上的上下、前后、左右位置，位置之间也反映关联、分离、呼应等关系。将人体直立，采用立方体来包围，则：脸、胸、腹、膝等方向为前面，这部分属于服装风格与品质的展示区，是评价服装设计艺术含量的主要部位；背、臀部等方向为后面，后背以覆盖贴身为主，后臀部以表现裤型及勾勒臀部形态为主；前面与后面之间的两侧称为左侧和右侧，左右两侧是显示男女性别特征的关键造型部位。作用于服装的人体部位由颈、肩、胸、腹、臀、下腹部、上肢部组成。

1. 颈部

服装领围线，自颈前中心点沿着左右的侧颈点再连接颈后中心点围度量一周。

2. 肩部

肩部属立方体包围的上面，没有明确的界线，以颈的粗细与手臂厚薄为基准，肩线包含在基准之中。解剖学中没有肩部，其归属颈部范围，但在服装造型中肩线部位却非常重要，它决定造型的形态风格。如平袖与套袖，前者传统严谨，后者别致休闲。

3. 胸部

解剖学的胸围包括胸前后部，而在服装构成上，胸部的后面为“背部”，前后胸的分界以肋线为基准，肋线即体厚度中央线。乳房因人种、年龄、发育、营养、遗传等因素而形态各不相同，在做服装处理时，应以胸高点为中心，在适量空间内不出现缝线，以求形态圆满。

4. 腹部

此部分除后面的体表之外，均无任何骨骼，腹围线在此范围内确定。

5. 臀部

自腰线以下至下肢分界线止。服装中对臀沟的处理，关系到形态与舒适性。

6. 下肢部

下肢部有大腿、小腿与足。

7. 上肢部

上肢部有上臂、前臂与手，其中上臂部与躯干相连。它们与躯干部运动协调。

第三节　人体颈部与服装的关系

一、人体颈部

颈部是人体躯干中最活跃的部分，它将头部与躯干连结在一起，它对服装设计的重要价值是围绕它的四周结构形式与缝线决定服装衣领式样，在颈部与躯干的界线处呈现。

颈部前面上限为颌下点，下至锁骨以上的颈窝处，后面从枕下点至第七颈椎点(图 6－3－1)，外形呈上细下粗的圆柱状，从侧面看颈部向前倾斜、楔入躯干部并形成前低后高的斜坡(图 6－3－2)。这个斜坡是造成前后衣领领窝弧线弯度和前后衣片长差的依据。若不顾及颈部的结构特征，就会在服装造型上出现前拥后吊的现象。

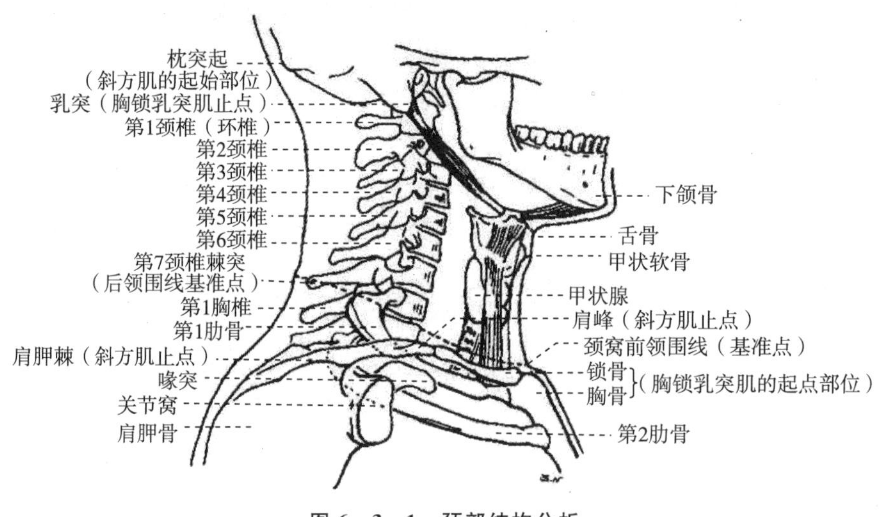

图 6－3－1　颈部结构分析

图 6－3－2　颈部呈前底后高的斜势

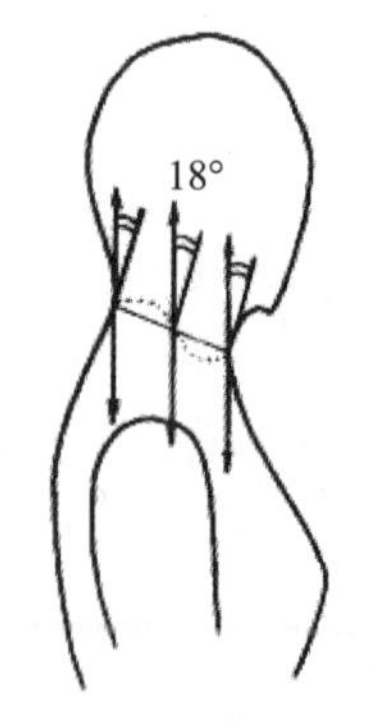

图 6－3－3　颈部斜角分析

颈部因人而异，有长短粗细之分，周径与倾斜势态也不一样。例如挺胸型与驼背型的颈部倾斜度大不相同(指人体直立静态状况下)，在高级时装的量身定制中，要对颈部进行实际测量。

正常的颈部倾斜角，以日本成年女子普测为例，倾斜角平均值为18°，最小是11°，最大是25°(图6－3－3)，平均值是前倾斜角加后倾斜角再除以2得出。

服装领围线是根据颈部生理结构产生的，前有胸锁乳突肌而形成凸形，在这凸起点上确定为前颈点(图6－3－4(1))，斜方肌的下部端为侧颈点(图6－3－4(2))，第7颈椎点为后颈点(图6－3－4(3))，将前颈点、侧颈点、后颈点连接画顺，就形成了领围线。

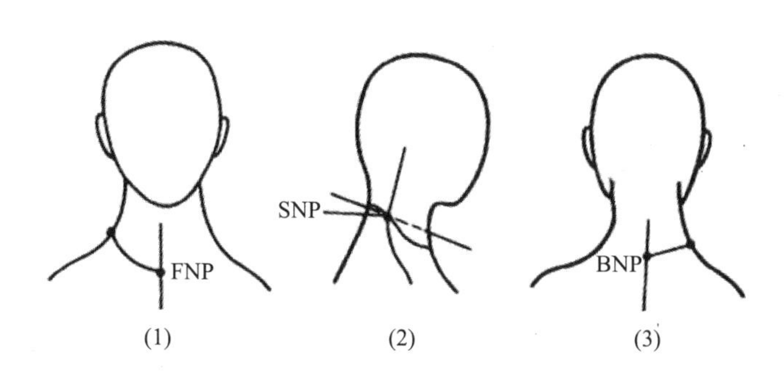

图6－3－4　人体颈部与服装领线的关系

颈部是脊椎中最易弯曲的部分，能做前屈、后伸、前移、后移、扭转及侧屈头部的动作。在领部设计中，横、竖开领的适度放量是适应颈部运动最常用的方法，而贴身式的领部设计常用弹力面料制作。

考虑颈部造型也要顾及头、肩结构关系，领围的宽松量视款式而定。距离颈部体表空间越大，宽松量也就越大，这是放量规则。半高领式的高度宜在锁骨与喉结之间，以不妨碍颈肩部侧屈运动为好。图6－3－5中列出了三种不同领型的处理，说明了颈部结构与服装设计的关系。

图6－3－5　不同领型与颈部结构的关系

(1) 半高领造型。在锁骨到领口上缘呈现上窄下宽圆柱状，领口在喉结部位，既有颈部修长感，又利于颈、肩、头部协调运动。

(2) V领造型。V领比常规衬衣略宽，使“V”形折角在50°～60°之间，从而保持视觉上的适度，其直开领大小视设计而定。

(3) 吊带处理。系带的悬吊点在颈部斜方肌与肩部三角肌之间，这两块肌肉的接合处呈凹势，正好稳住系带而防止侧滑。

二、人体颈部运动及领子

1. 颈部构造和领围线、领子的构成因素

1）与颈骨的关系

前面图 6－3－1 所示是颈部的骨骼示意图。颈椎制约着头部运动。颈椎是由 7 块椎骨组成的，除了第一颈椎和第二颈椎以外，其他形状都是相似的。由于第七颈椎被肌肉包围，体表是接触不到的。其中仅第七颈椎棘突起可以从体表上看到，是领围线中心标志的位置。颈椎是构成颈部形态的主要骨骼，但它仅限于领围线设置时把颈部看做筒状来考虑。

2）与颈部肌肉的关系

构成颈部的肌肉可分为浅颈肌、外侧颈肌、前颈肌、后颈肌。服装与外部肌肉形状直接相关，因此把浅外层的外侧肌肉作为主要研究的对象。颈部肌肉除最外层的颈阔肌外，大致由沿着颈椎的前后肌群与倾斜地包围在他们外侧的斜方肌和胸锁乳突肌所组成。颈椎周围的纵向肌群，是以颈神经为划分界限的，可以分为腹侧（以舌骨体为中心）的前颈肌群和背侧（以椎骨为中心）的后颈肌群。此腹背的划分，不仅是形态学上的问题，也与服装理论构成有关。此外，受到副神经支配的斜方肌与胸锁乳突肌是颈肌中的重要部分，是与领子的构造关系最为密切的肌肉。

3）皮肤和皮下组织

皮下脂肪的沉积，除了使颈部的粗细增加之外，适量的脂肪沉积会使领围线的翘曲减少，领子安定度增加。颈部的皮下结缔组织中，后颈部较前颈部结实，皮肤滑动少。颈部运动时，前颈部的变化要比后颈部变化大。从颈部的构造可以看出，后领围线部分皮肤变动少，稳定性高；而前领围线部分皮肤变动大，稳定性差。因此，不论领子的造型如何，都应以后颈部为根基，然后再考虑前颈部动作的影响。

2. 颈部运动与衣领设计

颈部有 6 种运动（如图 6－3－6 所示，图中 FNP 为前颈点，BNP 为后颈点，SNP 为侧颈点），再加上这 6 种运动所形成的复合运动。因此，颈部具有相当广的运动领域。从运动的角度来说，普通的领子对运动是一种障碍。然而，领子从装饰上和功能上来说都是必要的。

1）颈部运动的种类

颈部与头一同运动着，有颈部前屈、颈部后伸、颈部侧屈、颈部外旋等。由此产生了与日常生活息息相关的人体潜在的本能的运动。在颈前部，有与性命相关的器官。对来自外部的伤害，人体颈部本能的前屈、拉下下颌来保护自己。此外，人为了扩大自己视野而具有颈部外旋运动。

2）颈部的外观分类

颈部有各种各样的外观状态，但从造型的角度上可大致归纳为以下三种：

（1）颈部清楚的类型：这种颈部类型多见于肌肉发达的男性，其领围线容易确定，且装领线接近于平直，因此在工艺制作上比较容易。

（2）一般类型：这种颈部类型较为常见，只在颈部和肩部的链接部分稍有圆弧，在纸样设计上，也只需要在 SNP 处稍有弧度，以使领部坐落稳定。

（3）颈根平缓而不清楚的类型：颈根部是平缓的圆弧，颈部和肩部的界限不清楚，这种类

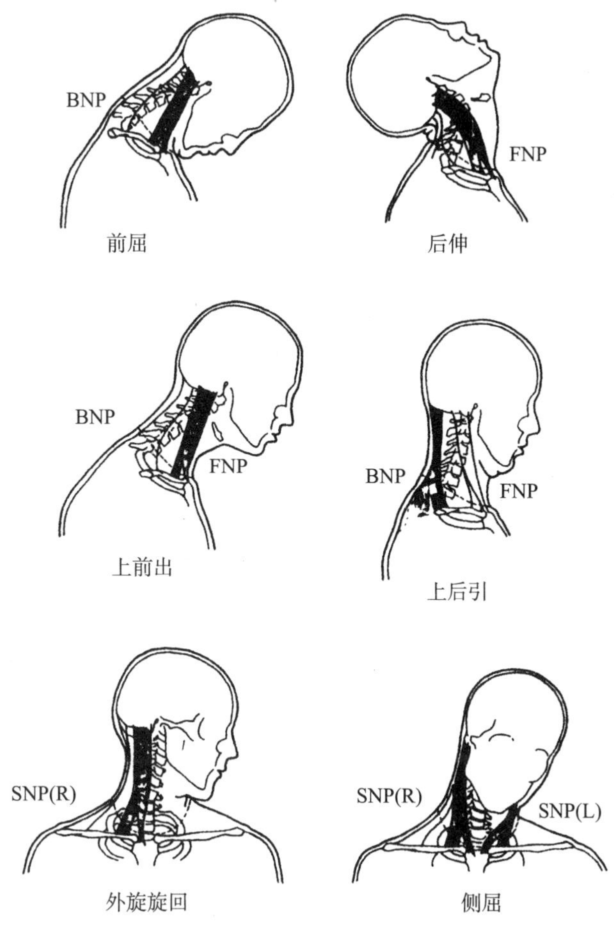

图 6-3-6　人体颈部运动示意图

型在女性中居多，又由于其领围线难于确定，因此在技术上要求更高，可将肩线抬高，加大SNP位置处的弧线，以增强其合体性。

3）衣领设计

仔细观察人体颈部，前至下颌边缘，下至锁骨边缘，后至第七颈椎，呈上细下粗、无规则的圆柱体，颈中部与颈根部的围度一般差在2～3 cm的范围内。从侧面后向前中呈前倾装填（如图6-3-7所示，男性的前倾度为17°，女性的前倾度为19°），从而造成了前低后高的倾斜弧线。这个倾斜弧线是构成无领领口的基线，并决定了领子成型的角度与外观造型。

4）颈部设计效果及纸样

（1）贴近颈部方向的领子（图6-3-8(1)）：这种领子以SNP为基点，领腰贴近颈部方向，具有整齐感、硬挺感以及男性美的效果，如在外衣西装、衬衫等服装中最为常见。在结构上，在SNP位置必须把多余的部分去除，同时为防止领子外侧起吊，还必须在适当部位放出一定的量。

（2）离开颈部方向的领子（图6-3-8(2)）：这种领子与颈壁之间是离开的，具有宽松感、柔软感和解放感，在许多款式的服装中都有广泛的应用。

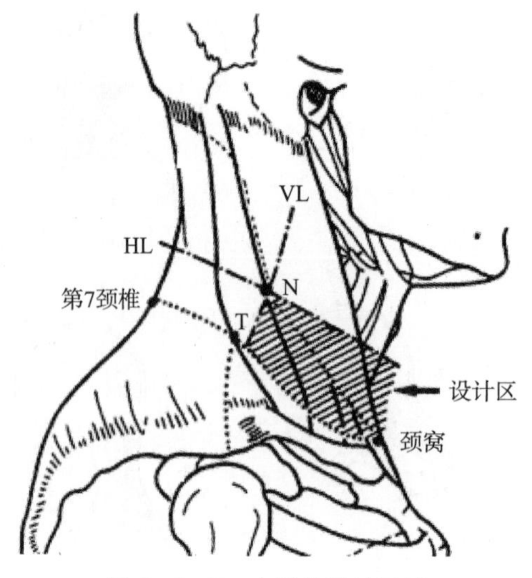

图 6-3-7 衣领的设计区域

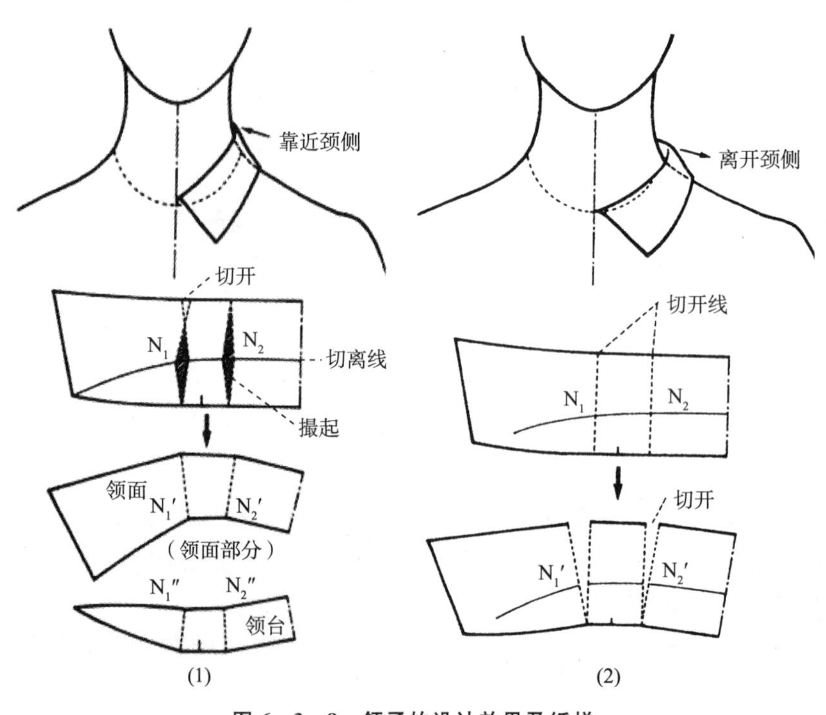

图 6-3-8 领子的设计效果及纸样

第四节 人体肩部与服装的关系

一、人体肩部

肩部由锁骨与肩胛骨共同支撑构成，后面的斜方肌与前面的胸锁乳突肌、外侧肩峰的三角肌共同构成肩部的圆弧形态，丰满圆润。锁骨后弯处的胸大肌和三角肌交接处有腱质间隙，形成锁骨下窝，在肩前部外观形态上出现两侧高、中间凹陷、肩后部呈圆弧形态。肩部体表由于颈侧根部向肩峰外缘倾斜，它与颈基部构成了夹角，大约在10°～30°之间(图 6－4－1)，女子的倾斜角大于男性的。

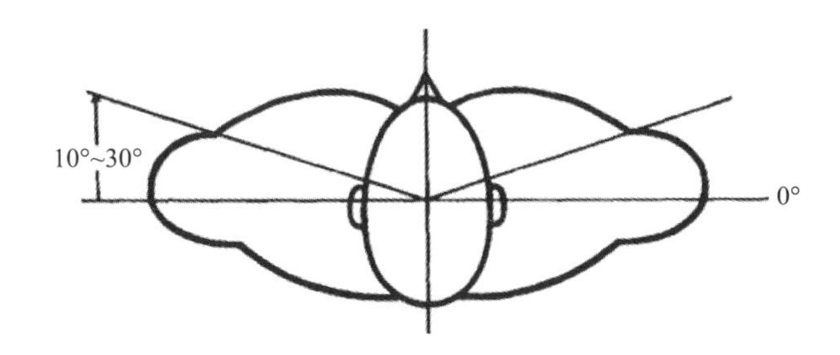

图 6－4－1　肩部与颈部之间的夹角范围

肩部在服装设计中的价值，如同千姿百态的衣架悬吊不同类型、尺码、重量的服装，它对区别人的性别与体型、服装风格影响很大，男阔女窄、男正女倾均形象地说明造型与肩部形态的关系。把肩部作为服装造型的主要特征来考虑，常见的服装造型以正常体、溜肩、平肩三种类型来区别肩部的特征。服装结构与肩部的合适，不仅影响外观，也关系到人的舒适与上肢部活动。

对于服装设计中的肩部处理，确定肩点是设计的依据。肩点不是人体肩部结构上的肩峰点，它是指按设计要求而在肩峰处的幅域内确定一个坐标，或前或后、或上或下，从而显示背高低、肩宽窄的基准，一般范围在肩峰点上下 2～3 cm、前后 1～2 cm 左右的幅度(图 6－4－2)。

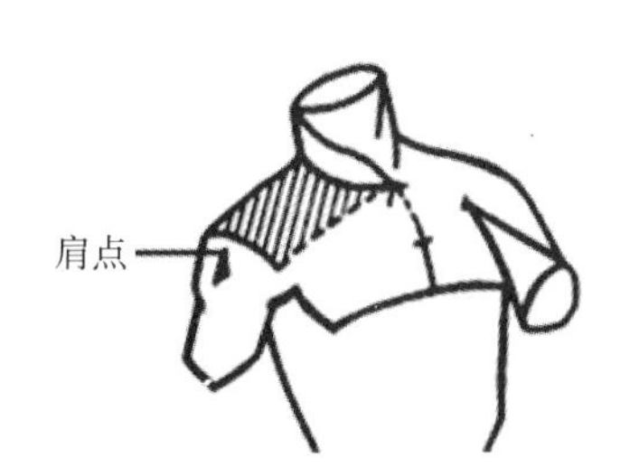

图 6－4－2　服装肩峰的活动范围

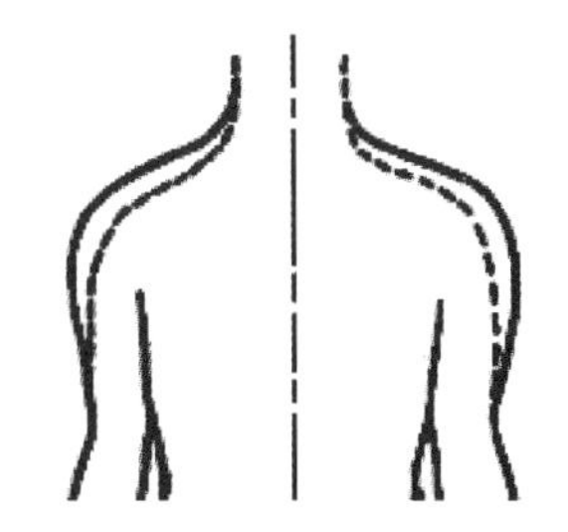

图 6－4－3　男女肩部的不同斜势分析

男、女肩部的正、斜特征差异，对于设计师而言是不可忽视的。男性肩阔略平，女性肩狭略斜，图 6－4－3 中所示实线为男性肩形态，虚线为女性肩形态。

在解剖学中，肩部属躯干部分，肩部外侧是躯干与上肢的界线，两者以肩关节相连。肩关节在人体中运动量很大，有提耸、下降、内收、外展、上旋、下旋等活动，如图 6－4－4 所示是肩关节提耸与下降活动势态。由于上肢运动而引起肩部形态变化，也是设计中要考虑的重要因素(图 6－4－5)。与之对应的是肩部设计中，肩头袖窿线设定的位置把握。从图 6－4－6 中可以看出，袖窿的不同构成所产生的运动量也不一样。

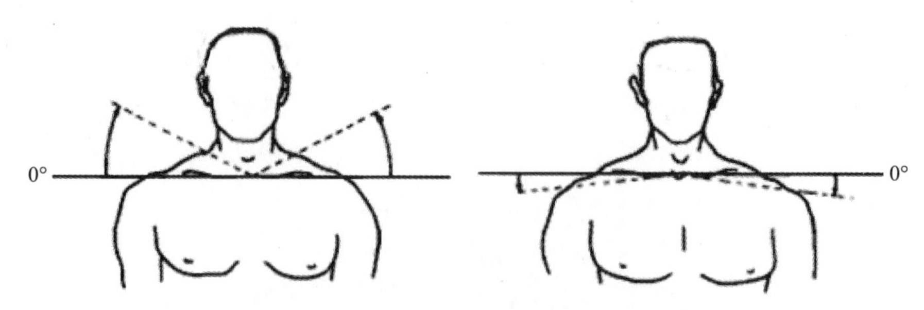

图 6-4-4 肩关节的提耸和下降幅度

图 6-4-5 上肢活动引起肩部形态发生变化

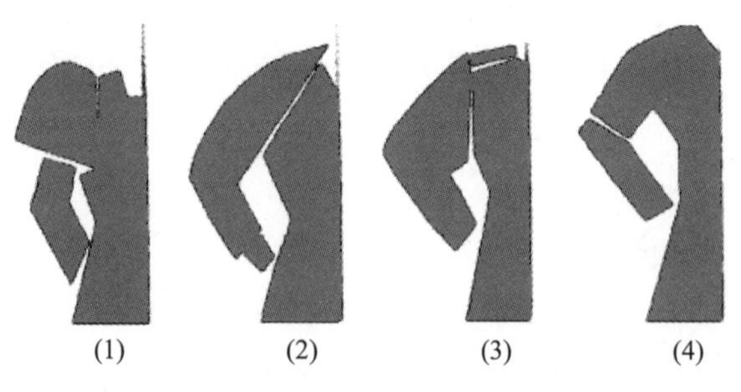

图 6-4-6 袖窿形态不同,其运动的范围也不同

(1) 肩峰夸大,肩宽缩小,上肢运动量大。

(2) 回避肩头点,以颈下锁骨为起点,接合三角肌,使得肩部形态的前凹陷后饱满一致。

(3) 复肩直接画出肩宽,肩头点保持正常位置。

(4) 肩部宽度变异,肩头点下移至上臂,形态上加强力量感。

二、人体肩部运动与服装肩部

1. 人体肩部构造与服装肩部的构成要素

1) 服装肩部与人体肩部骨骼的关系

构成人体肩部的骨骼一部分与颈部的骨骼相重复,另一部分是胸廓上部和肩关节。划分肩部的范围是以支撑服装的功能和服装造型为基准来决定。肩部的范围是前面突出的肱骨水平位置和后背肩胛骨和椎骨缘交点的水平位置为下限,到领围线为止的区域内。

与肩部成形有关的的骨骼以及与服装标志相关的有：①颈椎。它是领围线、后颈点的标志。②锁骨。锁骨的胸骨端是胸锁关节，形成了颈窝，是前颈点的标志。③肩胛骨。其肩峰是服装肩端的标志，内侧缘和肩胛骨形成背部突出的部位，与肩省、肩归拢、肩缝线弧度等有关。④肱骨头。与服装前肩曲面化、肩线位置、形态、袖窿前部的跟随性等有关。

2）服装肩部与肩部肌肉的关系

形成肩部的主要肌肉是大面积占据背部表面的斜方肌和完全覆盖于肩关节外侧的三角肌。对于服装而言，作为重要部位之一的肩的倾斜几乎是由斜方肌的水平部分形成的，肩端的圆润度是由三角肌的形状形成的，无论是从形态上还是功能上，这两部分肌肉都是与服装肩部最为密切的肌肉。

2. 衣服肩部运动功能

在解剖学中，人体肩部属于躯干部分，肩部外侧是人体躯干与上肢的界线，两者间以肩关节相连。肩关节运动量很大，有提耸、下降、内收、外展、上旋、下旋等活动。由于上肢运动而引起的肩部形态变化，也是服装肩部设计中要考虑的重要因素，与之对应的是肩头袖窿线位置的设定，所以，袖窿的不同结构所产生的运动量也是不同的。

从衣服的适体性角度来看，肩部运动的两个运动方向与衣服的肩部是有关系的。一个是肩峰处前后方向的运动（图 6－4－7），特别是肩峰 AC，以胸锁关节作为支点，向前到 AC_1 这个运动过程，即使少许运动一点，也会接触到衣服前片的肩部。另一个是肩峰处上下运动方向，朝下到 AC_2 位置，只能够稍许向下运动一点，而向上大致可以到达与口角平齐位置。

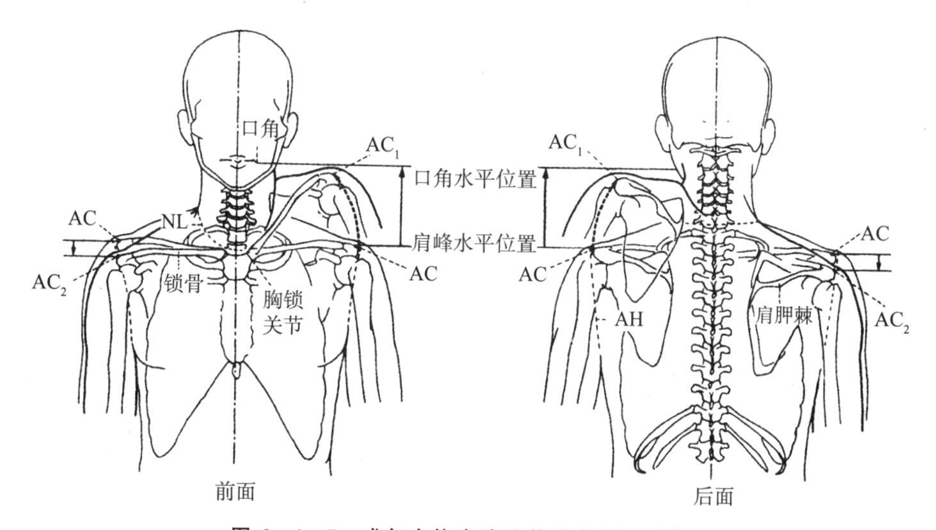

图 6－4－7　成年人体肩峰处前后方向运动范围

对于这样较大的运动位移量，不引起牵引和压迫却能跟从的只有皮肤。通常情况下的服装的设置基准是在人体静态时的适应性。而对于上下方向肩端的运动是不能完全跟从的，这样会导致衣服大幅度被牵引上去。由于物理上的作用力和反作用力的原理，肩部运动的幅度越大，服装的压迫感就越大。

3. 服装肩部设计

人体肩部具有可动且复杂的形态，肩端有高度、宽度、厚度、倾斜度和位置参数等，这些都直接关系到服装肩部结构。

1）肩部类型(图 6－4－8)

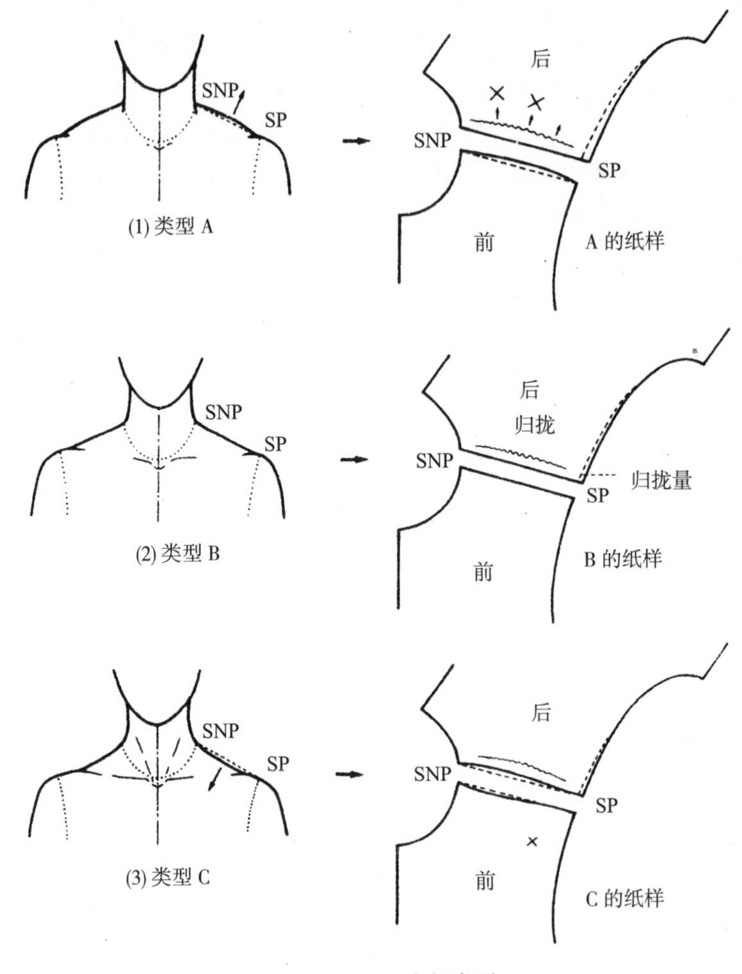

图 6－4－8　肩部类型

(1) 类型 A:肩线中部向上隆起,在肌肉发达的男性中较常见,其相应纸样在肩线处需经过归拢、归拔等处理而使其成曲线。

(2) 类型 B:肩线中部较为平坦,相应纸样也较为简单,其前后片肩线处都是直线。

(3) 类型 C:肩线中部下凹,在女性中较为常见,在纸样设计中,颈侧边需稍向下挖,前片上进行曲面处理,后片肩线归拢,使整个纸样贴合人体曲面。

2）肩部的设计

从领围线(颈根)到肩峰的等高线上弯度最深处的连线就是肩的棱线。服装基本肩部 SNP－SP 的走线就是沿着此肩棱线。服装的肩线并非简单的直线,是在肩棱处背部凸面和前部凹面对接而成的曲线。这是在服装立体造型中非常重要的。

3）肩部的结构处理

由于人体肩部特殊的结构,前肩的凹势在服装的结构处理中常采用拔开的熨烫工艺方法。而人体后肩部的肩胛凸起尤为特殊,在服装结构处理中手法多样,常用的有归拔熨烫工艺、省道、分割线或是其中几种方法的综合运用，如图 6－4－9。

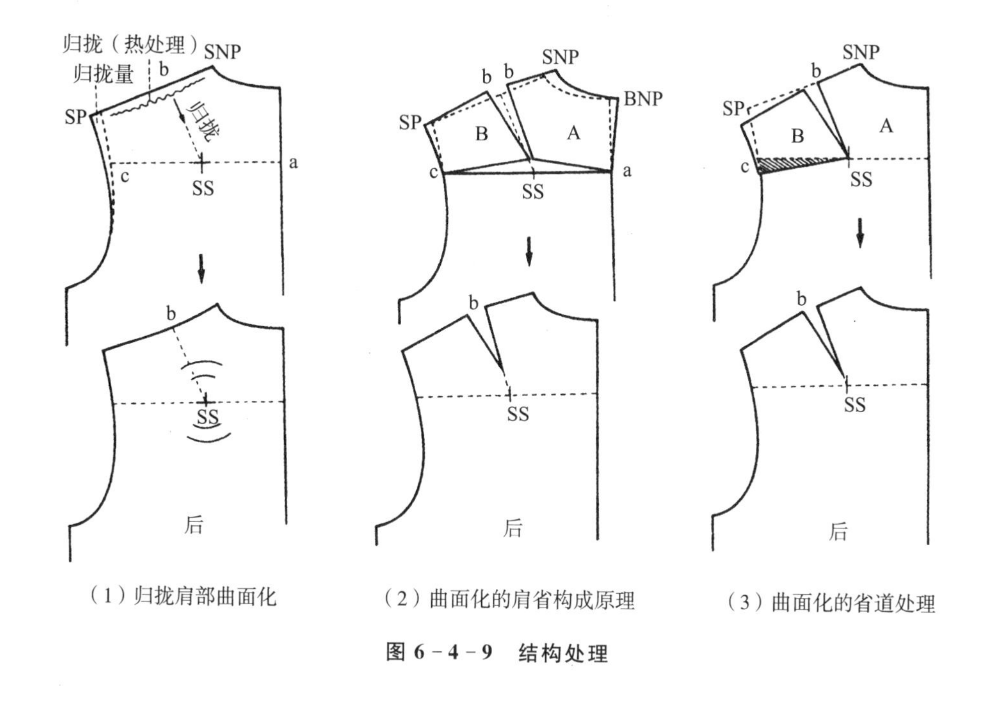

（1）归拢肩部曲面化　　（2）曲面化的肩省构成原理　　（3）曲面化的省道处理

图 6－4－9　结构处理

第五节　人体胸部与服装的关系

胸部在解剖学中属躯干部分，但由于胸部在服装设计（尤其是女装）中的特殊位置，所以将之从躯干部分离出来观察，研究它的形态外观与服装造型的匹配关系。

胸部总体上有三种形态：①狭胸，胸狭长而扁平；②中等胸；③阔胸，胸宽短而深厚。

胸部的范围指肩部以下、腹部以上。胸部的基本形状由胸部轮廓构成。胸廓包括胸后脊椎（大约第七脊椎至第十八脊椎之间）、前胸骨、十二对肋骨三大部分，外观呈上狭下阔的截面圆柱体，胸大肌在胸上部以半环状隆起，使人体正面躯干出现浑厚丰满的特征。肌肉不发达者肋骨外显。胸部因体格、营养、发育、年龄不同而不同。胸部中部无肌肉的部分有一条纵沟，称之为正中沟，服装形态上的左右对称界线就是以此位置为准。

胸部是女装（指成年女子）设计的关键部位，这个部位的设计成败不但关系到整体形态美，而且对人体躯干部的舒适、卫生、心肺活动量是否正常起关键作用。

女性胸部的乳房形态因人和人种不同而差异很大。成熟未婚女子的乳房位置在第二根肋骨至第七根肋骨之间，内侧在胸骨外侧边缘，外侧连接腋窝。乳房大致有四种形态（图 6－5－1）：圆盘形、半球形、圆锥形、下垂形。不管什么形态，乳房均有方向性（图 6－5－2），方向轴向外侧斜，乳头位置在距头顶二头高的位置（图 6－5－3）。

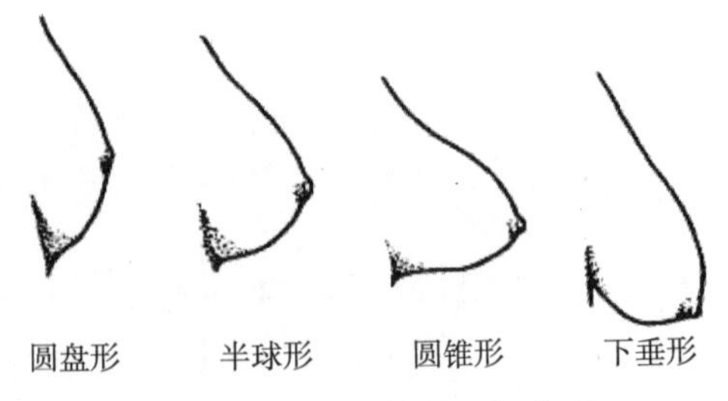

图 6-5-1 乳房的不同类型

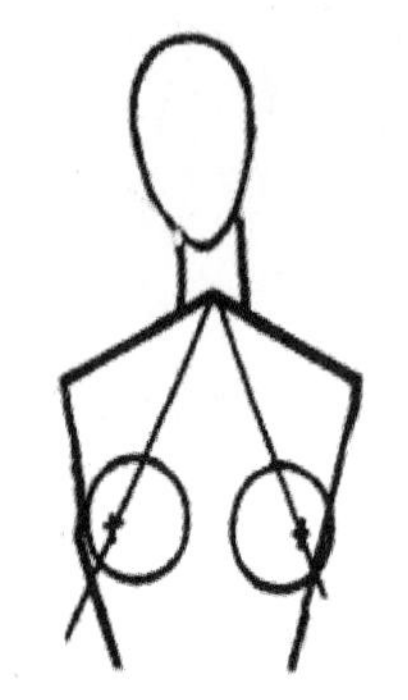

图 6-5-2 乳房整体向外侧斜

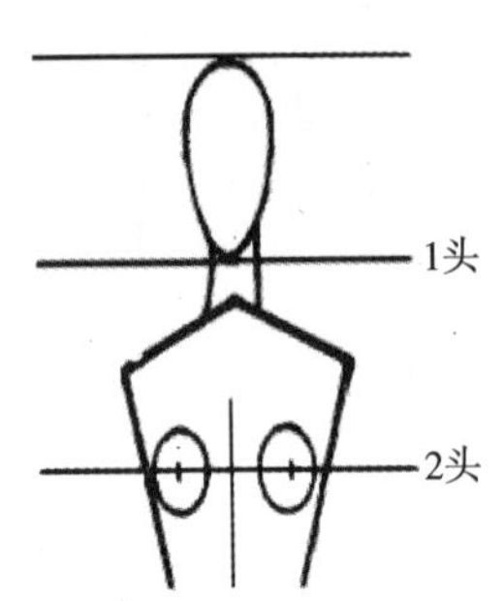

图 6-5-3 乳房的高度

女性乳房部的体积表现，也就是服装设计中的女性性别化的体现。常用的手段是在肩部、胸侧、腹下打褶抽裥，以求空间体积来展现丰满的乳房。这里要把握一个重点，即无论在什么部位打褶，打褶的褶线缝要与乳头保持一定的距离，大约 8 cm 左右，目的是不破坏乳房圆锥状的形态(图 6-5-4)。

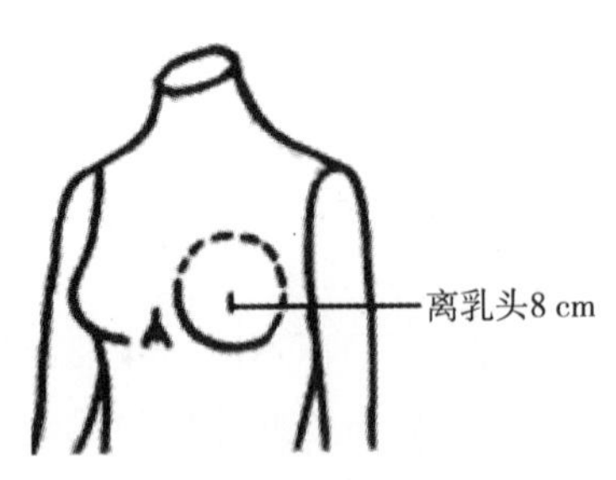

图 6-5-4 打褶部位与乳房距离

服装解决乳房部的设计，涉及到人体与服装的各个界面，我们以基本内衣或胸罩来分析，可以看出其中的界面关系：

(1) 乳房有不同形态，但现今的面似乎局限在一个统一的罩面之中。在夏季由于外衣的单薄，时常显示出罩面与着装者乳房形态不匹配的现象，比如不是罩面顶端空荡，就是罩面大小不一。

(2) 胸罩束带的压力(松紧度)问题。女性背部肩胛骨下外侧出现多余的凹陷起伏，就是束带围势压力太大而束缚胸腔所致。从卫生学角度来看，长时间过紧束压会影响心肺与呼吸功能，对发育也不利。在此提出了压力适度问题，简单的方法是采用高弹材料，并在背部的扣袢上增加松紧调节档。

(3) 罩杯的覆盖面积应按乳房不同形态来设计，而且在年龄段上要有划分，因为女性不同年龄段的乳房高低位置、松紧程度不一样，比如青年女性应托举与覆盖并重，老年女性偏向托举，少女偏向覆盖。

(4) 胸罩材料要力求与皮肤亲和，具有吸汗、排汗、透气性能，而不是只求花边装饰的花俏，要知道美丽的花边大都选用有不良触感的化纤材料。

(5) 胸罩的功能性开发，如卫生保健、健胸丰乳等。例如，罩杯夹层含有液状晶珠，可以通过人体运动引发振荡、摩擦而刺激乳房机能，产生按摩保健作用。

第六节　人体腹部与服装的关系

腹部是服装设计与制作中腰身的基准，在基准点上的上下移动、曲直变化、松紧定位产生服装腰部的千变万化。

腹部的位置在胸廓以下，耻骨以上(除腰椎之外)的无骨部位。截面形态为椭圆形，腹背部中间有凹陷状。

腹部的横切面周径有差异，如图 6－6－1 所示，一般在胸腰点上最小，在髋骨外侧点上最大，但椭圆形状不变。正因腹部上下之间有不同的截面存在，允许服装腰线上下游离而产生不同风格的形态造型，上至乳房下缘，下至髋骨上端，腰际线以上的为高掐腰式、腰际线以下的为低掐腰式。例如，女裙(裤)的“露脐式”就是腰线下移，由髋骨外端来充当支点，最大限度地显示腹部本来形态。

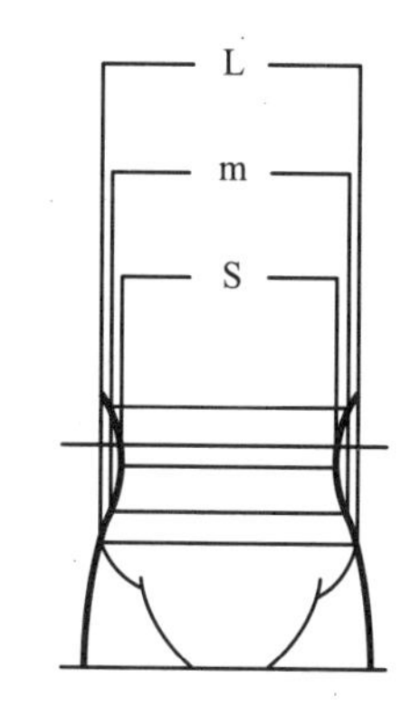

图 6－6－1　腹部的宽度与号型

服装设计中腹部处理比较自由，自由的前提是腹部与上下肢运动不是直接发生牵连，胸腔与臀部作了缓冲。设计要考虑的重点是：以腹部截面最小处(亦称腰际线)为基准，对下装(裙、裤)有悬挂价值即可，对称与不对称、上移与下滑、侧部抽褶与后腹抽褶均可，视与其他整体造型协调而言(图 6－6－2)。

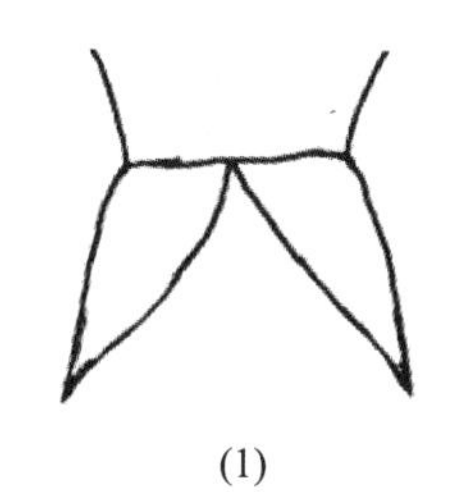
(1)

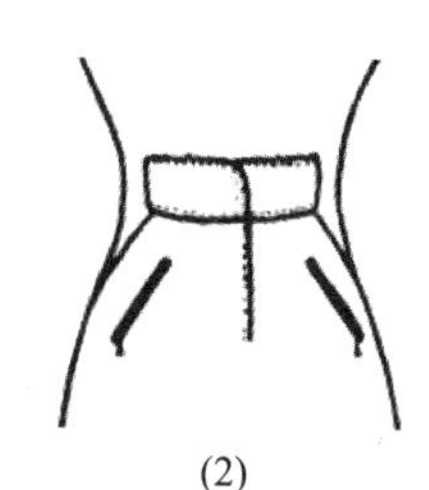
(2)

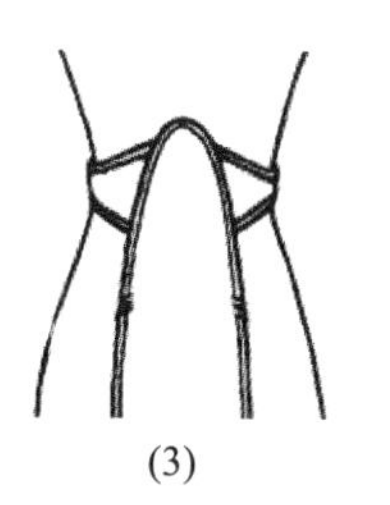
(3)

(4)

图 6－6－2　不同款式服装的腹部造型

(1) 将腹部作为设计中心，使视点集中于此，强调作用。

(2) 改变腹部截面形态，使之平面化、俏皮化，从而追求青春律动的外观效应。

(3) 再现腹部形态，保持腹部形态完整，中置线求对称。

(4) 均衡式形态分割,同形不同量,回避对称线。

第七节 人体背部与服装的关系

背部位置从第七颈椎棘突至骶骨,形态丰满的背大肌覆盖在肩胛骨上。正因肩胛骨的位置及其在上举运动中改变着人体形态的作用,我们专门列出进行阐述,避免设计在静态状态时背部形态合理而动作状态下失调。

以成年女子上肢上举时背部体表变化为例(图 6-7-1),当上肢上举运动时,腋窝点水平位置 d 线上举时有 6 cm 的变化,促使衣袖尺寸要加放运动量。图 6-7-2 是考虑背部运动量的原型结构图。表 6-7-1 为右上肢运动时背部变化。

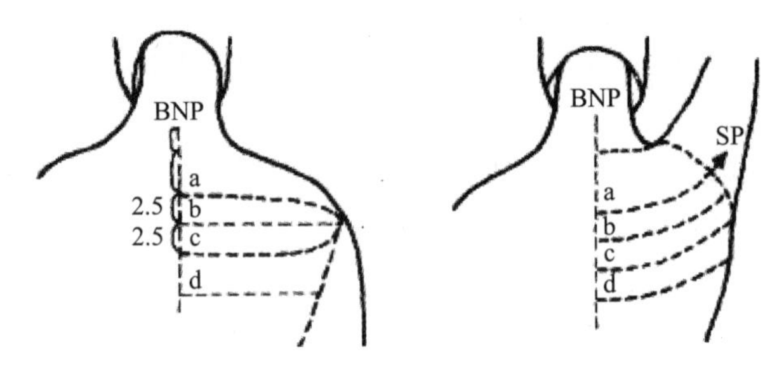

图 6-7-1 手部上举时背部形态的变化

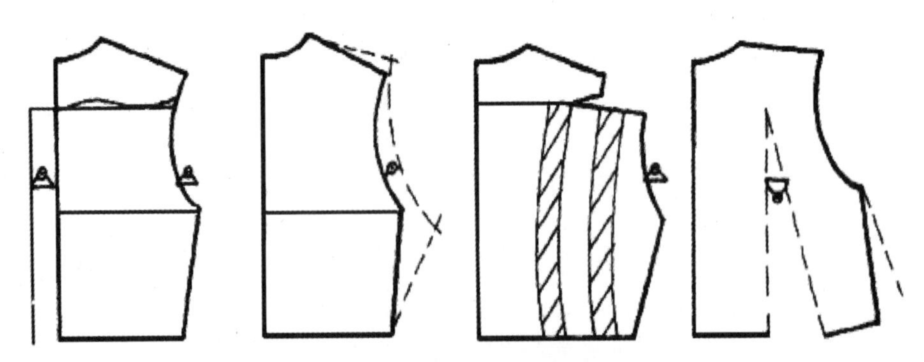

图 6-7-2 为了便于上肢运动在原型纸样上增加放量

表 6-7-1 右上肢运动时背部发生的变化　　单位:cm

标号	上肢动作		
	手臂自然下垂	手臂前举	手臂 180°上举
a	18.3	+0.2	−1.8
b	17.5	+1.9	+0.7
c	17.8	+1.7	+1.7
d	17.0	+3.2	+6.0

第八节 人体臀部及下肢与服装的关系

一、人体臀部及下肢

将臀部与下肢部结合在一起观察，是因为这两个部位在服装设计中(尤其是裙、裤类)一般都不会分开考虑，臀部与下肢在结构形态与运动结构上总是互相牵连而共同作用的(图 6-8-1)。

臀部位置在腰际以下、下肢以上，臀大肌的作用使臀部呈膨隆状态。下肢由髋关节及膝关节外伸、内收、上提、下曲等动作而产生丰富的运动姿态，人体常见的前屈、坐立都是股关节发挥作用。

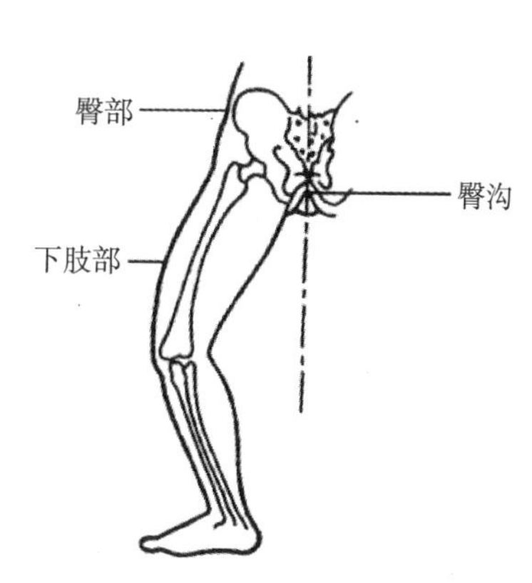

图 6-8-1 人体臀部与下肢相连接的结构

由于这两个部分形态、运动、关节活动量错综复杂，相互交叉影响，服装造型必须以两方面为基准：其一是把握臀凸处的矢状面高低之差；其二是膝关节涉及的大小腿之间形态转换。

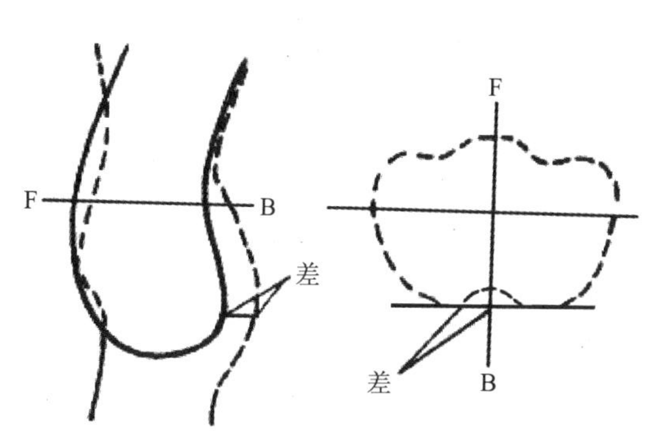

图 6-8-2 臀部纵、横剖表面形态

把握臀凸处的矢状面高低之差是使裤型结构设计能够适合人体运动和保证人身体健康的关键。图 6-8-2 为臀部纵、横剖断体型形态，从图中可清晰地看出纵切断面呈不同的高低差，它要求设计师关注后裤片臀沟的形态与着装者形态的吻合度，否则不是紧绷就是松垮。一般来说，臀沟表现清晰能给人感觉下肢修长，并显得性别特征明显。

图 6-8-3 是下肢部膝盖处的活动范围，关注这个部分的目的是女裙下摆部分的摆势(摆量)要符合人体要求，因为裙摆的大小与裙的长短直接关系到膝部的运动。裙子越长，下摆越大；裙长在膝上，下摆在设计上可自由发挥；常见的下摆处开衩也是协调下肢部运动的手段之一。

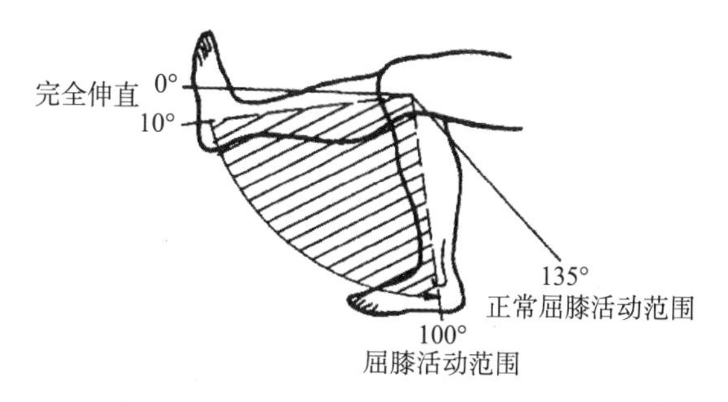

图 6-8-3 下肢部膝盖处的活动范围

二、人体下肢运动与裤子

1. 与下肢的骨骼关系

图 6－8－4 所示为人体下肢的骨骼分布。主要是由骨盆（骶骨、髋骨）、股骨、小腿骨、足骨所组成的。它们的长度和高度是下半身服装重要位置（股上、股下、臀部、膝部）的基础。

2. 与骨关节和膝关节的关系

与服装有关的骨骼处理中，以关节为重点。骨关节是由骨盆（髋骨）和股骨构成，膝关节是由股骨与小腿骨（胫骨和腓骨）构成，足关节是由小腿骨与足骨构成。运动时关节的变化是裤子等下装的重要考虑因素。此外，在骨骼与服装的关系中，不容忽视的是接近皮下的、从体表上容易看到的部分。其对计测点、服装造型有着重要的影响。

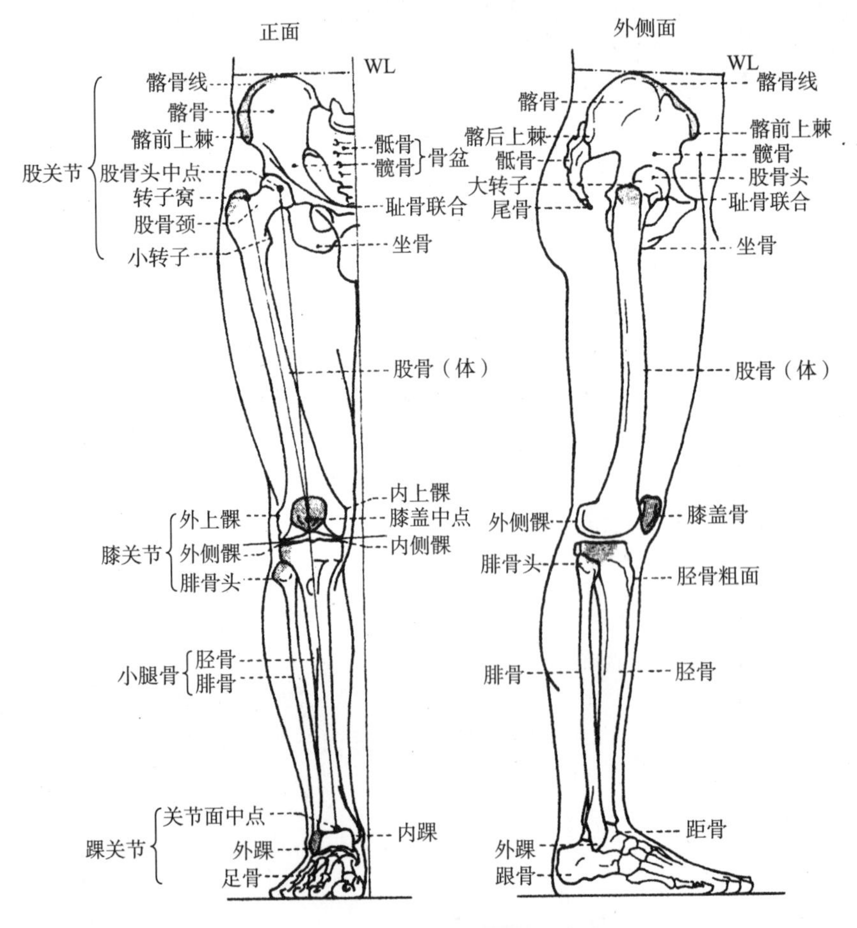

图 6－8－4 人体下肢骨骼分布图

3. 骨关节、膝关节的运动机构与裤子

裤子被牵引和被压迫是由于裤子的结构不能跟随股关节和膝关节巧妙的变化。因此，了解骨关节与膝关节的构造与运动是合理设计裤子的前提条件。

股骨为 3/4 程度的球体，是嵌入髋骨臼窝的球连结。股骨头的中点可以看作：左右轴——脚的前后运动、前后轴——开脚运动、上下轴——脚的内外转运动这样的三根中心轴。各轴可以做各自的运动，也可以三组轴组合起来做多轴化运动。

膝关节是一轴性的，只能做前后方向弯曲运动。为了使得股关节进行自由运动，采取这样一轴性的稳定机构是必然的。

4. 下肢的结构设计

下肢在服装设计中的功能区主要有贴合区、作用区、自由区和设计区，如图 6－8－5 所示。贴合区是由裙子、裤子的腰省等形成的密切贴合区，是研究合体性的部分；作用区包括臀沟和臀底易偏移的部分，是考虑裤子躬耕运动的中心部分；自由区是对于臀底剧烈偏移调整用的空间，也是纸样裆部自由造型的空间；设计区是进行裤子、裙子设计时主观造型的区域。

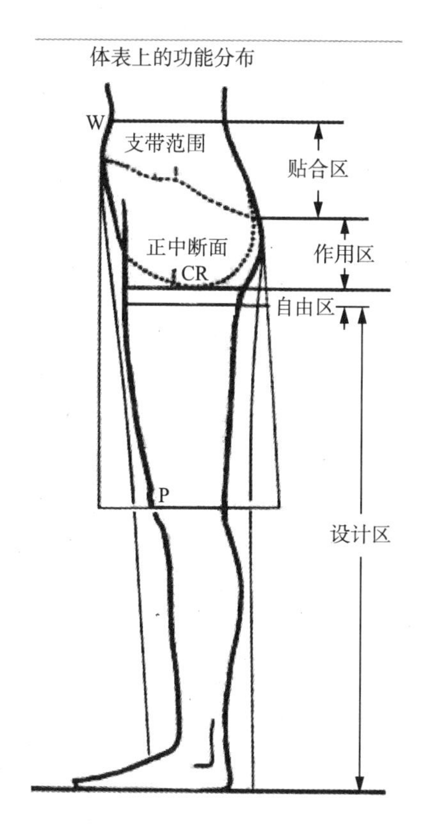

图 6－8－5　下肢在服装设计中的功能区

第九节　人体上肢部与服装的关系

一、人体上肢部位

上肢指肩关节以外的部分，与躯干部连接。上肢部是人体肢体中最灵活的部分，能通过肩、肘、腕关节产生多种运动形态。上肢部分分为上臂、前臂与手三部分。上肢部位的肘关节与膝关节正好相反，只能前屈，不可后屈。在静态状况下垂臂时，肘部向前微弯（图 6－9－1（1），根据成年女子测定），肘关节屈伸活动范围为 150°（图 6－9－1（2））；肩关节伸展活动度约为向后 60°(图 6－9－1(3))、向右 75°(图 6－9－1(4))。可见,肩关节与肘关节相互运动能产生丰富的形态。

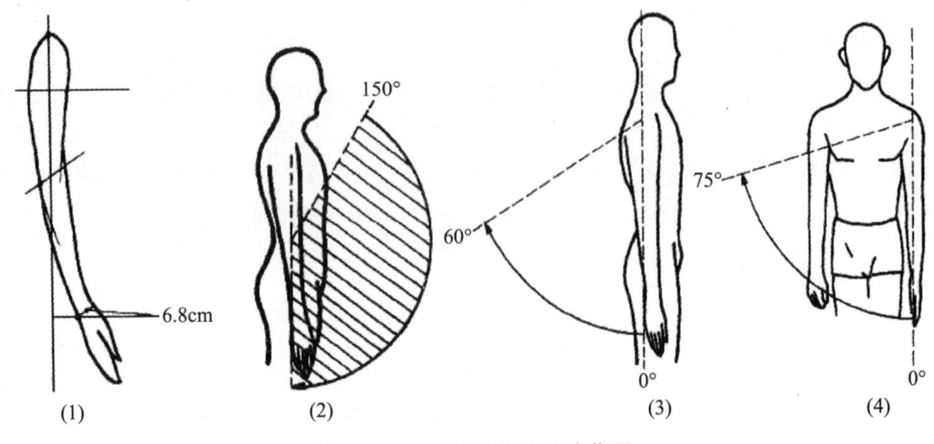

图 6－9－1 肘关节的活动范围

服装设计中对上肢部的处理,主要要求袖型必须与上肢结构、运动相匹配:

(1) 袖山头与腋窝形成的袖窿空间量,应以标准型号推档数据为基准来参考,不能只顾设计造型的艺术、新奇感。

(2) 上肢具有的方向性,要求袖片形态尽量与之对应。"大小袖"的分割能理想地体现上肢形态,"单片袖"就显得笼统概括。当然单片袖式富有休闲风格,这里不作详论。

(3) 腋下部位不能厚重,要让上肢自然下垂时,上臂部分贴近躯干,否则有劳累与不适感,不符合服装卫生要求。

如图 6－9－2 中(1)、(2)、(3)是三种截然不同的造型,它们与上肢部匹配的部分也各不相同:(1) 肘部充分自由,袖山与袖窿适中;(2) 回避肩、肘关节,直接以肩点与腰侧相连,硕大的空间量,夸大袖窿形态;(3) 将上臂与前臂巧妙分开,上臂与前臂形态也富于变化,上臂宽松适应运动与造型,前臂筒形具有对比性。成为经典袖式的原因在于,人体运动结构与造型形态相得益彰,两者既浑然一体,又各具特性。

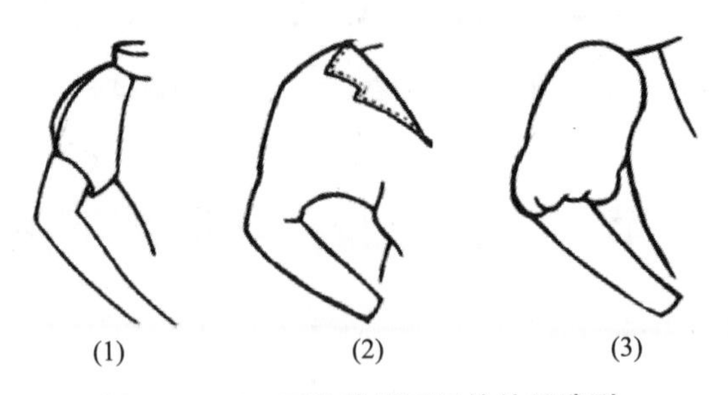

图 6－9－2 三种截然不同的袖子造型

二、人体上肢运动与衣袖

1. 上肢的构成要素

上肢骨分为上肢带和自由上肢骨。衣袖与上肢骨骼的关系如图 6－9－3 所示，上肢带由锁骨和肩胛骨组成，自由上肢骨由肱骨和前臂的尺骨、桡骨、手根骨、指骨组成。对于和衣袖的设计相关的骨骼必须掌握：骨骼整体的形态、长度与大小，接近表面与造型有关的部分，最易与运动有关的部分以及关节的构造。

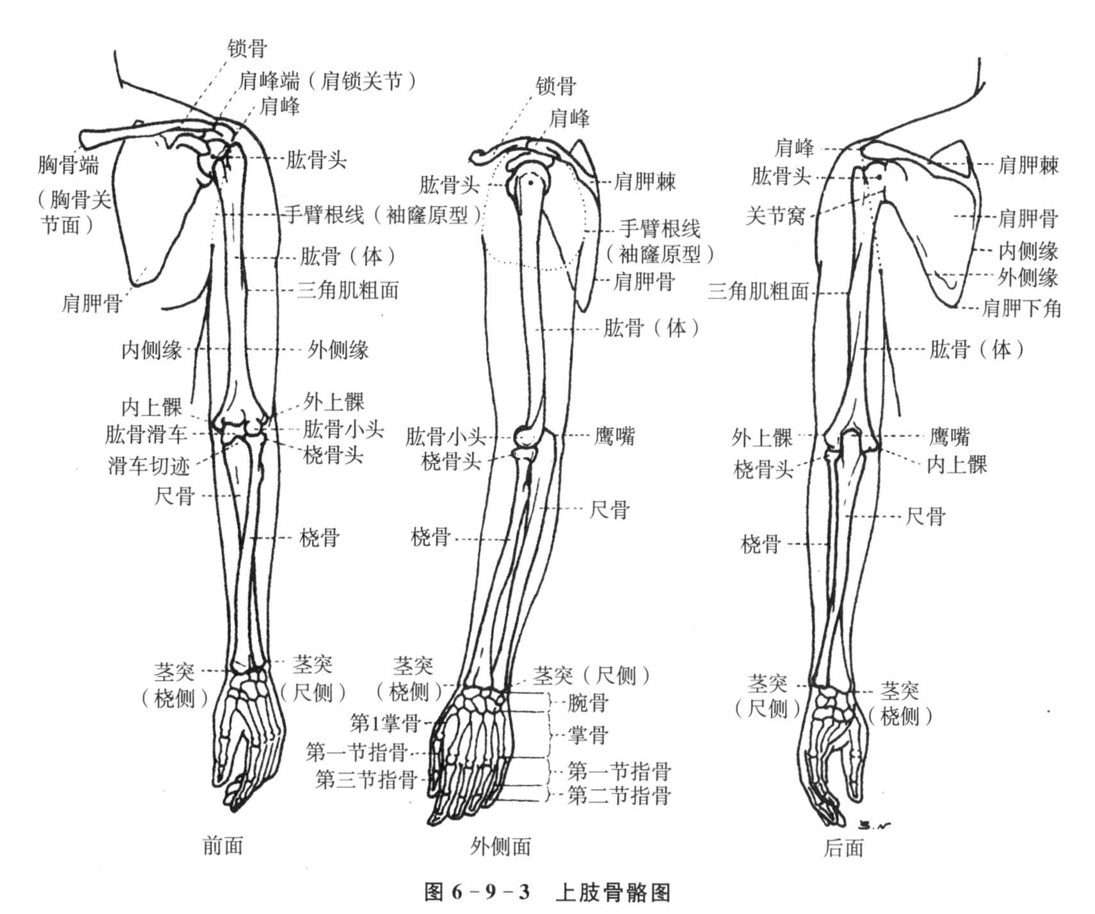

图 6－9－3　上肢骨骼图

（1）肩胛骨和锁骨：两者之间的组合决定了肩部的形态。前面锁骨外侧弯曲形成的肩凹面和后面肩胛骨棘突起部分形成的凸面是肩部的形状特征。

（2）肱骨：上有与肩关节窝相连接的肱骨头，其下方有内上髁和外上髁的突出，下面还有肘关节，肱骨中间稍偏上有三角肌隆起。

（3）前腕骨：由尺骨和桡骨组成。尺骨在肘侧处，靠近手腕处较细；桡骨则与其相反，手腕侧较粗。两者呈交叉状态。

（4）手骨：手骨是由腕骨和五个手指的掌骨、第一节指骨、第二节指骨、第三节指骨所组成。

2. 对肩关节、肘关节运动的处理

它是肱骨头与肩胛骨关节窝相连接的多轴性球关节，其运动范围非常宽。另一个特征是肩胛骨沿着胸廓背而朝前，而且肱骨头所在的关节窝面稍稍朝前。由此可知，上肢的运动范围是以前方为主要方向的。因此，为了提高衣服的舒适性，装袖的面必须向前一点。

肩关节本身的运动是上方约为 90°(由于肩峰和它周围韧带的制约，再向上就难)，前方约 70°，后方约 35°。实际上，上肢的活动在上方、前方都可以提高到接近头部。

由此可知，上肢的运动不仅是十分复杂的而且范围也很广。考虑衣袖运动功能时，不单是考虑袖子的动作，还必须要考虑肩部运动。当上肢向前上方上举时，衣袖的牵引最大，一般来说服装不可能完全跟随其变化，这就需要靠皮肤的滑移来缓和服装的牵动，如图 6-9-4 所示。

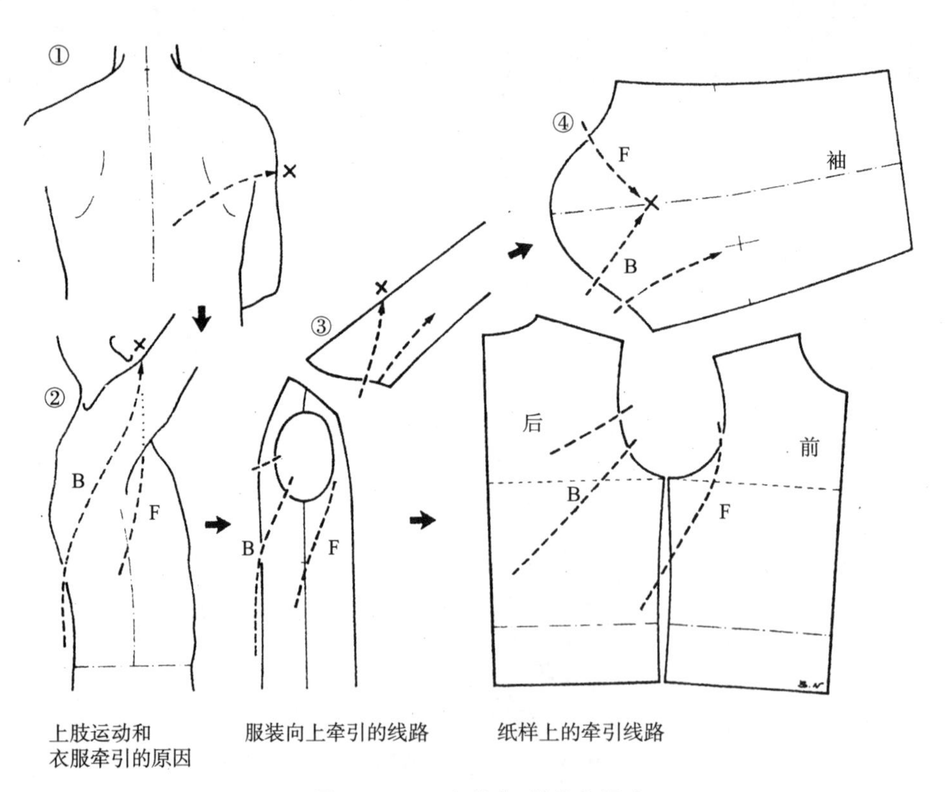

图 6-9-4　肩关节、肘关节运动

肘关节是由肱骨下端的尺骨、桡骨上端之间的两个关节以及尺骨上端与桡骨上端之间的关节，即三个关节合成一组复杂的关节。尺骨方面，肱骨下端的肱骨滑车和尺骨上端的滑车切迹组成一关节。上肢在自然下垂状态时，可朝前内侧上方屈曲运动。图 6-9-5 是上肢肘关节下垂、外旋时，从侧面见到的运动状态。由于屈曲，鹰嘴位置有大的移动，上肢后方距离拉长，这就形成了袖子牵引的原因。桡骨方面，肱骨下端的肱骨小头和桡骨上端的桡骨头组成球关节，对肘关节的屈曲共同起作用。尺骨上端和桡骨上端的关节运动，即可形成前臂的外旋、旋内的扭转运动(图 6-9-6)。在服装方面必须要考虑到袖子的松紧和袖口的收口方式等。

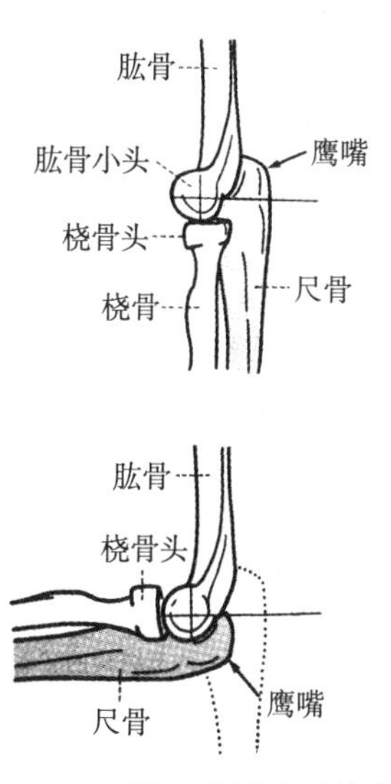

图 6－9－5　肘关节屈曲时的变化

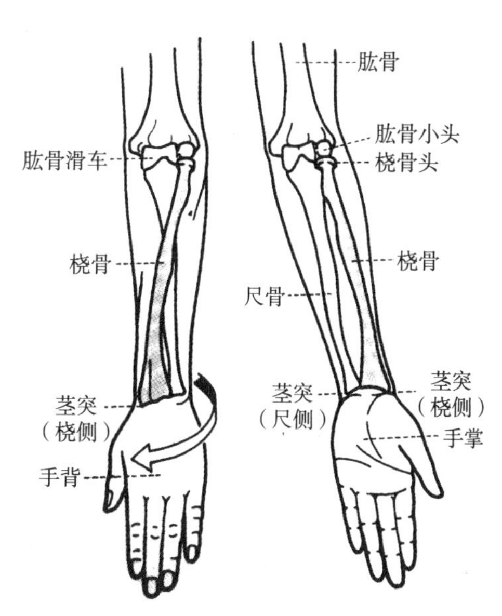

图 6－9－6　前臂旋内、旋外引起的扭转

3. 衣袖的设计

袖子的种类有很多，如插肩袖、装袖、连身袖等。根据其材料、用途、结构来分类，他们各有不同，但以人体工效学角度来看，袖子的设计可分为袖山、袖窿、袖身三部分，分别与肩部、臂根和上肢有密切的关系。

(1) 臂根部形态与袖窿。根据臂根部的形态求得体表上的袖窿线为肩峰点—前腋点—腋底—后腋点—肩峰点，其中前面的走向是凸向内侧方向，肩峰处的走向是凸向外侧的，腋窝处的走向则是凹向内侧的，而背部则几乎呈直线导向外侧，如图 6－9－7 所示。

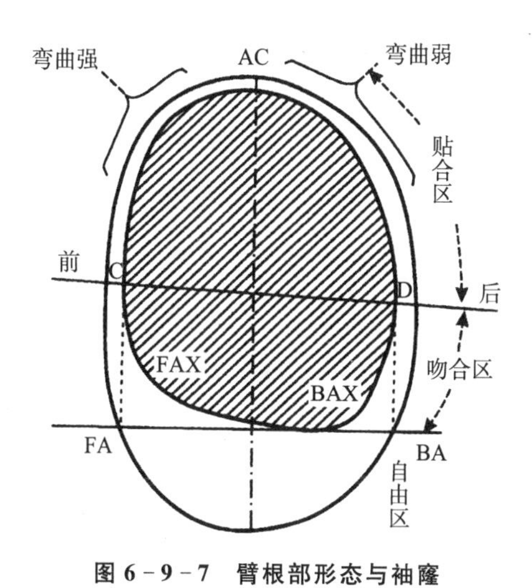

图 6－9－7　臂根部形态与袖窿

(2) 肩部形态与袖山。运用石膏法或敷膜法制作的模拟皮肤模型可以作为纸样设计的参考。根据臂根部的皮肤模型，可以看到袖山部分形状如倒置的碗状，腋底皮肤积聚了细密的皱纹，以适应人体上肢抬起时皮肤的拉伸。

(3) 上肢的形体与袖身。人的上身并非笔直的，而是在上臂与前臂链接处的肘关节上有弯曲且带曲势下垂。这一特征是设计袖身纸样的重要依据，如图 6－9－8 所示。

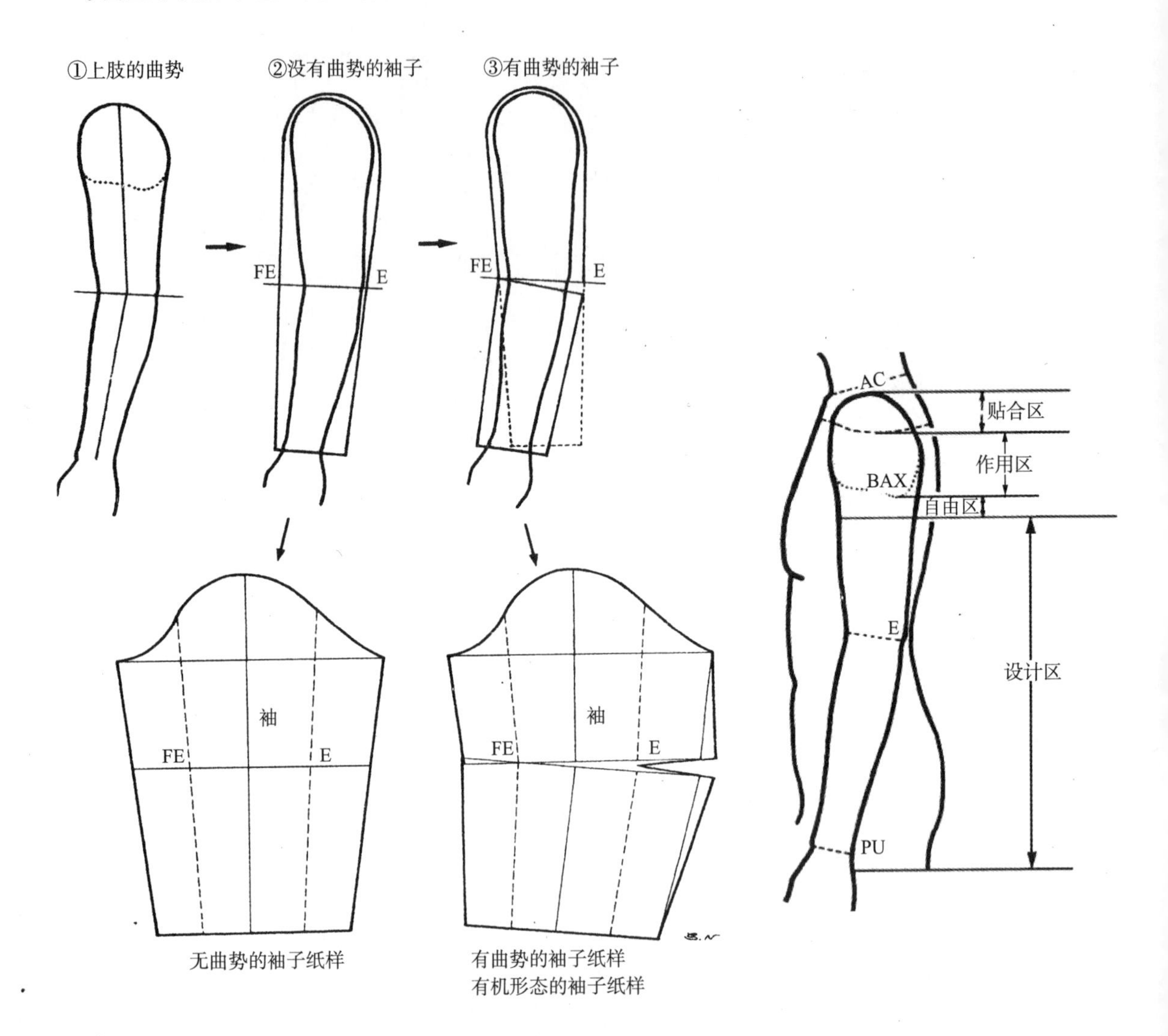

图 6－9－8　上肢的形体与袖身

图 6－9－9　上肢在袖子设计中的功能区

(4) 上肢在袖子设计中的功能区。上肢在服装设计中的功能区主要有贴合区、作用区、自由区和设计区，如图 6－9－9 所示，贴合区是袖山贴合肩圆部的区域；作用区是以袖山高低来调节袖子运动功能的区域；自由区是设计袖窿线深度、形状的区域；设计区是设计袖子的长短、宽窄、造型的区域。

第七章 特殊群体服装与人体工效学

第一节 健康型老年人服装的人性化设计研究

一、健康型老年人服装的需求与动机

为了探询和研究健康型老年人服装消费的特点，本文通过对上海、江苏南京、山东济南等地区不同阶层的老年人的自然状况和服装消费态度进行问卷式的调查和分析，以期获得目前华东地区老年人最真实的服装消费心理，为服装企业对华东地区老年服装的市场定位提供参考。

1）调查内容、方法及调研对象

此次主要调查的内容是上海、江苏南京、山东济南等地区不同阶层的健康型老年人的自然状况和服装消费态度，并以此为依据掌握老年人的年龄、性别、职业、收入等自然状况和老年人购买服装时的消费观念、心理及行为规律，为服装企业进行华东地区老年的服装市场产品定位、开发老年服装消费市场提供依据。本次采用问卷调查法，本次调查共发放问卷 500 份，回收 500 份，有效问卷 472 份，有效问卷率 94.4%，数据调查采用随机抽样方式。主要调查对象为上海、江苏南京、山东济南等地区的 500 名 60～80 岁的老年男性和女性。

2）调查结果

为了掌握健康型老年消费者的自然状况，把健康型老年消费者自然状况消费因素分为 5 项，具体结果见表 7－1－1。

表 7－1－1 被调查者的自然状况

<table>
<tr><th>类型</th><th colspan="4">人数</th></tr>
<tr><td>1. 按性别划分</td><td colspan="2">男 198 人</td><td colspan="2">女 274 人</td></tr>
<tr><td>2. 按年龄划分</td><td>60～65 岁
165 人</td><td>65～70 岁
148 人</td><td>70～80 岁
107 人</td><td>80 岁以上
52 人</td></tr>
<tr><td>3. 按职业状况划分</td><td>工薪阶层
171 人</td><td>知识分子
90 人</td><td>退休干部
147 人</td><td>其他
64 人</td></tr>
<tr><td rowspan="2">4. 按婚姻状况划分</td><td colspan="2">已婚</td><td colspan="2">单身</td></tr>
<tr><td colspan="2">368 人</td><td colspan="2">104 人</td></tr>
<tr><td>5. 按月收入状况划分</td><td>1 000 元以下
78 人</td><td>1 000～2 000 元
181 人</td><td>2 000～3 000 元
173 人</td><td>3 000 元以上
40 人</td></tr>
</table>

为了解健康型老年人的消费态度，把老年服装消费态度分为 5 项，并加以调研，调研结果

见表7-1-2。

表7-1-2 健康老年人对服装产品的消费态度

项目	人数			
1. 按服装种类划分	休闲装 225人	运动装 71人	中式服装 127人	职业装 49人
2. 按服装的合体程度划分	贴体 48人	合体 176人	宽松 233人	其他 15人
3. 按服装色彩划分	红色 49人	橘色 29人	砖红色 54人	玫瑰红色 58人
	黑色 234人	白色 86人	灰色 215人	紫色 86人
	黄色 33人	米色 178人	驼色 166人	棕色 167人
	绿色 36人	墨绿色 103	蓝色 61人	宝石蓝色 52人
4. 按服装的领型划分	立领 111人	无领 125人	翻领 186人	特殊领型 50人
5. 按喜欢的面料划分	棉 198人	麻 122人	毛 85人	丝织 67人

二、健康型老年人服装的款式设计

由于生活能够完全自理的老年人的身体健康状况较好，其必然会有很多参加社交活动的可能性，那么针对这类老年人所设计的服装款式就要适应他们各种活动的需要。一般服装种类要多，款式变化要丰富，还要将服装的功能性、舒适性、安全性、时尚性与老年人的体态特征相结合。根据以上调研分析，老年人选择中式和休闲服装的比例比较大。因此，将从老人穿着的休闲装和中式装两种服装的方向来完成服装款式的设计。

1. 老年中式服装

现代中式服装是以中华民族悠久的传统文化为设计底蕴，吸收了西式服装时尚元素进行的改良。中式服装的主要款式特点是前开型的斜襟和对襟式样，多用带子固定衣服，女装是上衣下赏的式样，男装是上下连属的袍衫或上衣下裳的式样，穿脱方便。衣身的造型强调纵向感，自衣领部位开始自然下垂，不夸张肩部。本文通过问卷的形式进行调研，据不完全统计，在回答问卷的472位老年人中，有127人喜欢中式服装，占被调查者的26.91%。中式服装体现的是一种庄重、含蓄之美，是最适合老年人穿着的款式之一。

老年中式服装主要包括：中式棉服、中式外套、中式半袖、长袍、马甲、旗袍等。在设计老年人的中式服装款式时，首先要注意老年人的体态特征及其生理功能的变化。将设计重点放在服装的细节变化设计上。老年人的胸围、腰围、臀围差值小，腹围较大，比较适合直筒形或A

字形的衣身廓形。袖子不宜过长，领口围度要比正常的要多加 3～4 cm 松量。

2. 老年休闲服装

休闲服装是人们在闲暇生活中从事各种活动所穿的服装。与运动服装有相当大比例的重合部分，常常可以互换使用。随着老年人生活水平的提高，休闲服装已经成为与现代老年生活方式高度相关的服装款式。本文通过问卷的形式进行调研，据不完全统计，在回答问卷的 472 位老年人中，有 225 人喜欢休闲服装，占被调查者的 47.67%；有 71 人喜欢运动服装，占被调查者的 15.04%。这说明着重强调闲暇生活重要性的价值观导致了老年休闲服装的流行。

老年休闲服装主要包括：T 恤、牛仔裤、牛仔裙、套衫、格子绒布衬衫、灯芯绒裤、休闲西装、夹克衫等。在设计老年人的休闲服装款式时，要重点考虑老年人的体态特征及其生理功能的变化。服装的款式应该简单大方，易穿、易脱。图 7－1－1 所示为部分老年休闲服装款式。

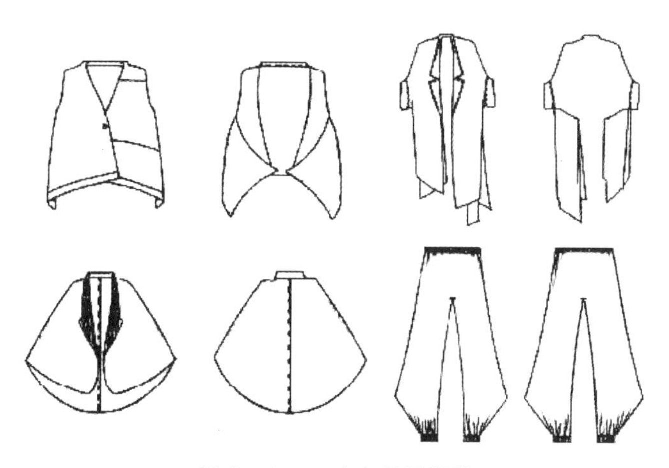

图 7－1－1　老年休闲服装

三、健康型老年人服装的结构设计

本文通过问卷的形式进行调研，据不完全统计，在回答问卷的 472 位老年人中，有 48 人喜欢穿着贴体的服装，占被调查者的 10.17%；有 176 人喜欢穿着合体的服装，占被调查者的 37.29%；有 233 人喜欢穿着宽松的服装，占被调查者的 49.36%；有 15 人对服装的合体程度无要求，占被调查者的 3.18%。从以上调研可以看出，老年人最喜欢穿着宽松的服装，其次是合体的服装。那么宽松服装及合体服装松量加放的度的把握就是老年服装结构设计中的一个设计研究重点。由于老年人与年轻人相比，其体态特征已经发生变化，这种变化既有共性又有差异性。将老年人体态特征变化的共性合理地应用于老年服装的结构设计中，并针对老年人常见的体型做出相对应的结构修正，这也是老年服装结构设计的一个设计研究重点。即使是生活能够完全自理的老年人，在日常生活中也会遇到年轻人不会遇到的各种困难，包括平衡感弱、缺乏协调、精力有限、无力进行手部及手指关节的操作、不便弯腰和屈膝、使用下肢费劲等等。针对老年人的这些行动上的不便，加强服装的易穿性细节功能设计，是老年服装结构设计的又一个设计研究重点。另外，对于老年女性还有一个体型上的问题就是，胸高点下移或胸部平坦。在老年女装的结构设计中，胸部的结构设计是非常重要的。老年女性的服装和年轻女性的服装有很大的区别，必须进行结构上的修正才能穿着合体。由于老年人的特殊体型，使得老年服装结构设计不能像年轻人服装结构设计那样，老年服装结构设计要更加要注重细节变化的研究。具体包括：服装衣身松量的设计、领子的结构设计、袖子的结构设计、特殊体型的修正设计、老年女装的胸部修正设计、老年女裤的结构修正设计、老年男裤的结构修正设计等。

下面就对健康型老年人的服装衣身松量的设计及领子的结构设计进行详细的分析。

1. 服装衣身松量的设计

由于老年人处于生命周期的最后阶段，有其独特的生理变化和特点，所以其对合体度的要求与青年人有很大的差别。我们要认真研究老年人对服装合体度的要求，使服装能最大限度的满足老年人的需求。表 7－1－3～表 7－1－5 即为本书总结的青年人与老年人的服装各细部规格松量尺寸加放对比图。

表 7－1－3　青年、老年女装胸围比较

组别 规格	青年人	老年人
贴体	净胸围＋内衣厚度＋(0～6)cm	净胸围＋内衣厚度＋(0～10)cm
较贴体	净胸围＋内衣厚度＋(6～12)cm	净胸围＋内衣厚度＋(10～16)cm
较宽松	净胸围＋内衣厚度＋(12～18)cm	净胸围＋内衣厚度＋(16～22)cm
宽松	净胸围＋内衣厚度≥20 cm	净胸围＋内衣厚度＋(≥22)cm

表 7－1－4　青年、老年女装上衣腰围比较（B 为净胸围）

组别 规格	青年人	老年人
腰宽	B－(0～6)cm	B－(0～4)cm
稍收腰	B－(6～12)cm	B－(4～8)cm
卡腰	B－(12～18)cm	B－(8～12)cm
板卡腰	B－(≥8)cm	B－(≥12)cm

表 7－1－5　中老年女性袖窿深比较(B 为净胸围)

组别 规格	青年人	老年人
贴体	0.2B＋3 cm＋(1～2)cm	0.2B＋3 cm＋(2～3)cm
较贴体	0.2B＋3 cm＋(2～3)cm	0.2B＋3 cm＋(3～4)cm
较宽松	0.2B＋3 cm＋(3～4)cm	0.2B＋3 cm＋(3～5)cm
宽松	0.2B＋3 cm＋(≥4)cm	0.2B＋3 cm＋(≥5)cm

2. 领子的结构设计

老年人的体态特征之一就是皮肤松弛，颈部皮肤出现褶皱，颈部活动不灵活，所以大部分老年人不喜欢将颈部皮肤暴露于众人的视线范围之内，并且不喜欢穿着特别贴合颈部的领型，即使是穿着立领服装，也要将直开领、横开领尺寸加大，使领窝加深，这样才能感觉穿着舒适。本书针对这一现象，做了一个领子款式的调查，其结果显示：喜欢翻领的老年人为 186 人，占被调查者的 39.41%；喜欢无领的老年人为 125 人，占被调查者的 26.48%；喜欢立领的老年人为 111 人，占被调查者的 23.52%；喜欢特殊领型的人为 50 人，占被调查者的 10.59%。从以上调研可以看出，喜欢翻领的老年人数最多，然后依次为无领、立领、特殊领型。

四、健康型老年人服装的面料选择

通过问卷的形式进行调研，据不完全统计，在回答问卷的 472 位健康型老年人中，有 198 人喜欢纯棉面料，占被调查者的 41.95%；有 122 人喜欢亚麻面料，占被调查者的 25.85%；有 67 人喜欢丝织面料，占被调查者的 14.19%；有 85 人喜欢纯毛面料，占被调查者的 18%。

由前面表 7-1-2 中的调研数据可知，老年人选择服装面料还是把“舒适”放在首位，即以棉、麻、丝、毛等天然纤维为主要材质，采用纯纺或混纺织成的面料更贴近自然。

五、健康型老年人服装的色彩运用

针对健康型老年人喜欢的服装颜色以问卷形式做的市场调查，其调查结果见表 7-1-2。从表中可以看出，健康型老年人对色彩的要求是稳重、含蓄、漂亮、高雅。所以排在前几位的颜色都是中性色。这就要求老年服装设计师在进行服装的色彩设计时，必须掌握好艳丽颜色与中性颜色搭配的度，要结合健康型老年人的体态、肤色、心理及性格等，在考虑服装颜色搭配时，对不同穿着对象的个性进行具体分析，以达到服装色彩个性与着装人的个性相协调，使服装色彩运用得恰到好处，让老年人的精神面貌更加健康。

第二节　肢体残疾者服装的人性化设计研究

一、肢体残疾者服装设计要点

1. 减少环节，节省时间

时间对于人们来说就是生命，时间可以创造价值，可以创造美好的生活。在一件事情上耗费过多的时间，在某种程度上讲也会带来心里上的不安和烦躁。特别是对肢体残疾人来说，这种时间上的耗费直接影响着他们的心理和心情。在生活中、工作中，有很多工作和活动并不是肢体残疾人不能完成的，而是需要通过较多的环节才能完成。环节过多、时间过长，直接会造成过程的冗杂，同样易造成心理上的烦躁，极大地影响了肢体残疾人的心情。在服装产品设计中，都是本着这一理念进行设计的。所以专为肢体残疾人设计的服装产品中，都有一个共同的设计目的，就是在使用这些服装时，尽可能地使肢体残疾人减少耗时，减少环节，尽可能地使肢体残疾人在使用服装产品的时间和环节上接近正常人。

2. 减少人力，独立完成

我们经常看到很多肢体残疾人周围总是有家人或者是看护照顾者。怎样才能使肢体残疾人独立完成这些动作，或者是减少旁人帮助的时间或环节，是肢体残疾人用服装产品需要解决的重要问题。

二、为上肢残疾者设计特殊需求的衬衫

1. 设计阶段

1）了解设计需求

主要以上海地区 80 名肢体残疾工人为对象进行问卷调查。问卷调查的一些问题如下：

（1）在服装款式方面您认为需要哪些特殊设计？如开襟、口袋、系结等等。

（2）服装宽松度上您倾向于宽松、合体还是紧身的？

（3）您对服装面料有什么特殊的要求？如柔软性、保暖性、耐磨性、透气性等。

（4）您对服装结构有什么特殊要求？如肩部不利于活动、穿脱很麻烦、服装袖窿不利于活动等等。

（5）您对服装还有什么其他特殊要求么？

2）衬衫的设计

在设计单上肢残疾人的袖子时做了如下尝试(图 7－2－1)：

（1）在袖口内部设计中等弹力的弹力皮筋，因为人体的胳膊在肘部处会变粗，上肢单肢残疾人如欲将袖口拉至肘部，可通过手臂与周围物品的摩擦将袖口拉至肘部，弹力皮筋可以在短时间将袖口固定在肘部，以达到袖口卷至肘部的目的。

（2）在袖子里面设计一条袖口到过肘部的带子，并在接近袖口一边的细带边缘设计一个扣眼或尼龙搭扣。在接近肩部处，即正常肢体可以掌握到的位置设计一粒扣，上肢单肢残疾人可运用单肢将带子拉至肩部扣处，扣进扣眼，这样袖子的下半部就会像卷起来一样被固定在肘部处；若欲将袖口放下，仅需将扣眼打开，袖子就会自然垂至袖口，方便、易操作。在袖口的设计上，同样运用尼龙搭扣，且衬衫采用纯棉面料。

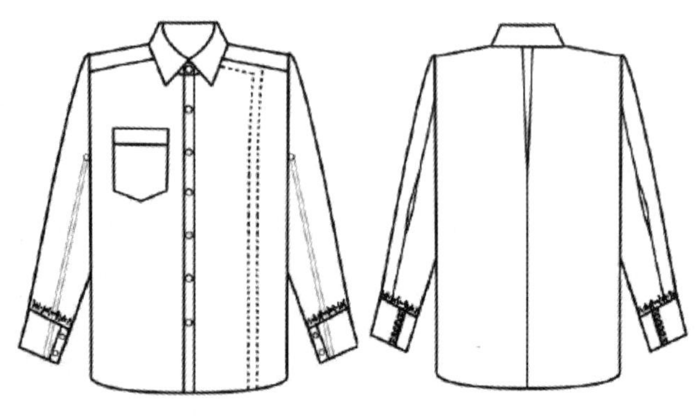

图 7－2－1 衬衫的设计

2. 衬衫纸样制作

1）规格设计

衬衫的规格设计见表 7－2－1。

表 7-2-1　衬衫的规格　　单位:cm

部位	S码	M码	L码	档差
衣长 L	70	72	74	2
领围 N	39	40	41	1
胸围 B	106	110	114	4
肩宽 Shw	45	6	47	1
袖长 Sl	58.5	6	61.5	1.5
袖口 Cuff	26	27	28	1

2）纸样绘制步骤

衬衫纸样作图步骤如图 7-2-2 所示。

① 作一条水平线；

② 作这条水平线的垂线；

③ 衣长减 2 cm,再作一条垂线；

④ 作袖窿深线:B/10 加 11 cm；

⑤ 前直领深为 N/5 减 1 cm；

⑥ 落肩 4 cm；

⑦ 下摆起翘 0.5 cm；

⑧ 前胸围:B/4 减 1 cm；

⑨ 胸宽:shw/2 减 2.5 cm；

⑩ 前肩宽与前胸宽差量为 1.1 cm；

⑪ 前横开领深 N/5 减 1.8 cm；

⑫ 水平线向下 1 cm；

⑬ 后中线；

⑭ 后胸围线 B/4 加 1 cm；

⑮ 背宽,shw/2 加 0.7 cm；

⑯ 垂直后中线作过肩；

⑰ 过肩线向上 12 cm；

⑱ 后横开领深为 N/5 cm 加 0.4 cm；

⑲ 后肩斜 N/10。衣片在距离①14 cm 处作平行线连至前直开领深处,为门襟开襟线,前片的原门襟线与另外一片采用闭合处理。袖子袖衩上 24 cm 为工字省的设计,工字省布片宽 12 cm、长 24 cm,袖山高中点处下 1 cm 为 1.5 cm×2 cm 尼龙搭扣位置,袖中线 1/2 处为另外一个 1.5 cm×2 cm 尼龙搭扣位置,搭扣拉片 2 cm×33 cm。

三、为单上肢或下肢残疾者设计特殊需求的西裤

西裤和西装上衣同样都是在正式场合不可缺少的服装款式,需要的宽松度与下肢残疾人休闲裤基本相同,但是西裤需要平整、挺括,所以它不同于休闲裤,不能直接利用松紧面料做拼接处理,而要在裤子本身的结构上下工夫(图 7-2-3)。

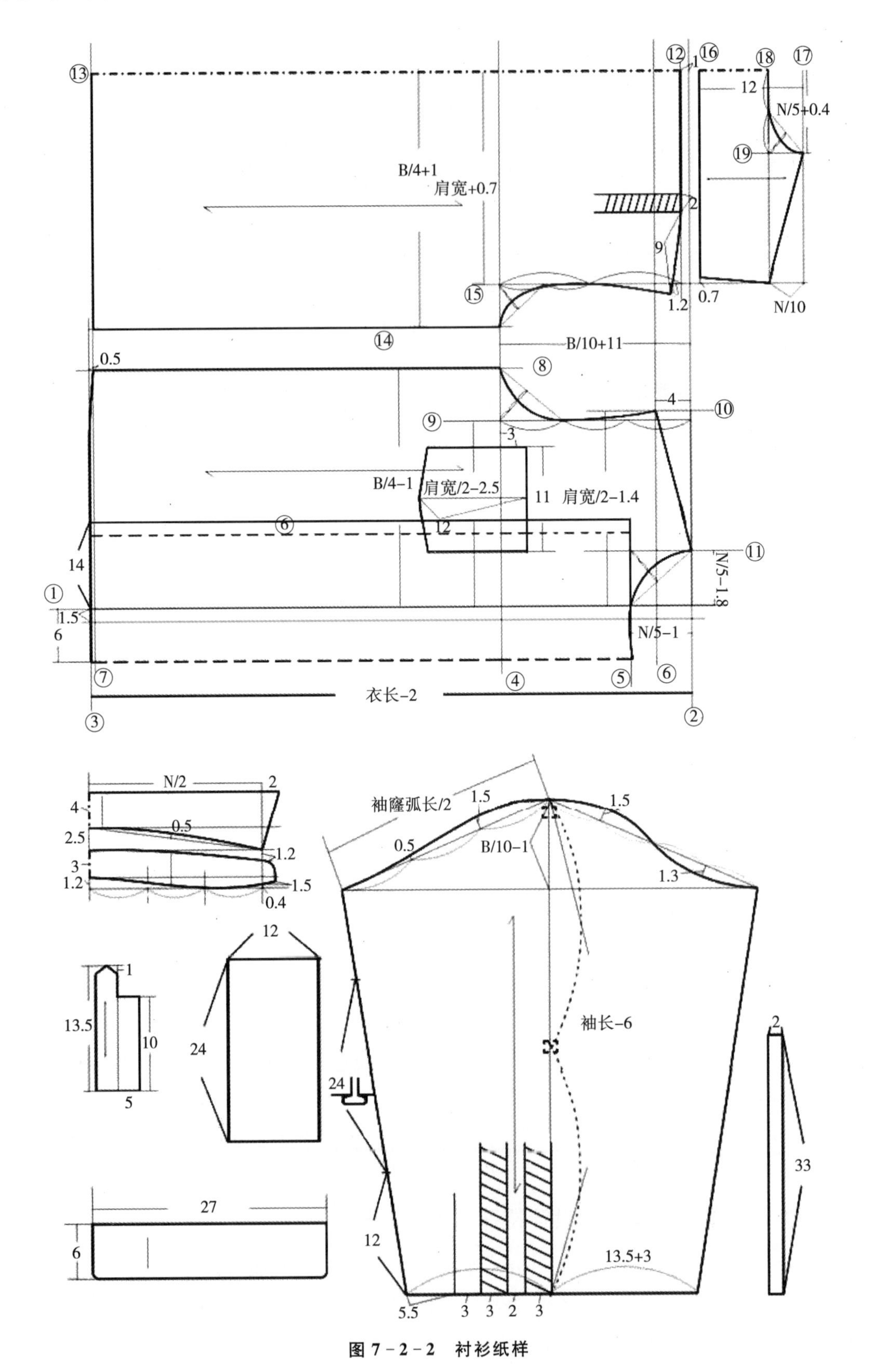

B/4+1
肩宽+0.7
N/5+0.4
N/10
B/10+11
B/4−1
肩宽/2−2.5
肩宽/2−1.4
N/5−1.8
N/5−1
衣长−2
N/2
袖窿弧长/2
B/10−1
袖长−6
13.5+3

图 7-2-2　衬衫纸样

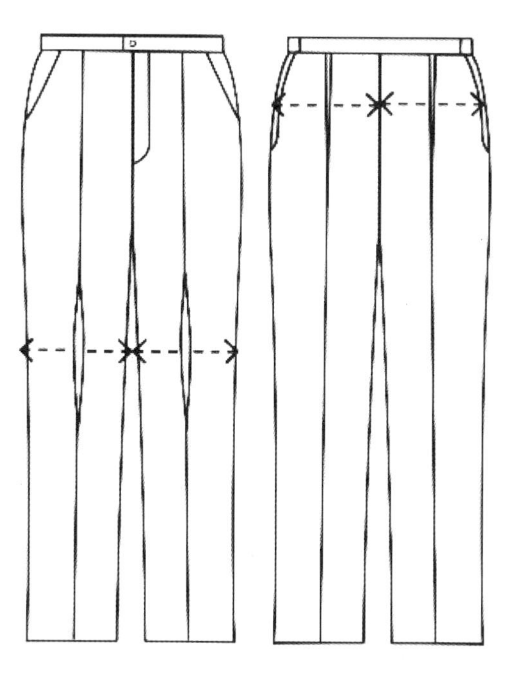

图 7-2-3　宽松西裤设计

同样，一般在腰、臀部以及膝盖部位做宽松度的设计，在左右臀的正中以及膝处做工字省处理。西裤熨烫较平整，工字省在平时可以完整平贴于裤子表面。在当肢体残疾人的臀部及膝关节弯曲顶起时，就会扩张出空间，使工字省拉平，同前面西装设计相同，达到一定宽松量的目的。

1. 设计阶段

设计前要详细了解肢体残疾者的特殊需求。

在进行西裤的设计时，要考虑以下方面：

(1) 紧固件问题。多数设计会采用尼龙搭扣以方便单上肢残疾人使用，这个设计对下肢残疾影响不大，紧固件开合的动作都是靠上肢来完成的。尼龙搭扣有很好的黏合效果，也比较平整。

(2) 开襟方向问题。下装是针对单上肢或下肢残疾设计的，双上肢残疾人目前多数仍是需要旁人的帮助，并不能独立完成服装的开合门襟问题，但是同样方便的开襟方向，对于非独立完成穿脱服装的肢体残疾人来说，仍然具有帮助作用，旁人在帮助其穿脱时会更加方便。

(3) 宽松度问题。此设计主要考虑的是下肢残疾人，特别是长期依靠拐杖和轮椅的人。休闲服装利用弹性面料（针织）的拼接以及非休闲服装本身的工字省设计，使长期依靠拐杖和轮椅的残疾人在穿着服装时更加方便、舒适。

(4) 面料舒适性问题。面料的选择尽可能舒适，以保证肢体残疾人服装的穿脱性的完整体现。

2. 西裤纸样制作

1) 规格设计

西裤的规格设计见表 7-2-2。

表 7－2－2　西裤的设计规格　　单位：cm

部位	S码	M码	L码	档差
腰围 W	74	76	78	2
臀围 H	110	102	104	2
裤长 L	97	100	103	3
脚口 B	20.5	21	21.5	0.5
立裆深 D	27.5	28	28.5	0.5
门襟 Z	16.55	17.8	19.5	1.25

2）纸样绘制步骤

西裤的纸样作图步骤见图 7－2－4。

① 侧缝线；

② 止口线垂直侧缝线；

③ 脚口线长度为裤长减腰头宽；

④ 立裆线；

⑤ 臀围线(止口线到立裆线的 2/3)；

⑥ 中裆线(臀围线到脚口线的一半)；

⑦ 臀围；

⑧ 小裆宽；

⑨ 中线，臀围线加小裆线的一半；

⑩ 脚口线；

⑪ 中裆(小裆宽的中点到脚口连线和中裆线交点)

⑫ 后臀围中线向下 H/5 减 1 cm；

⑬ H/5 减 1 cm 向上量 H/4 加 1 cm；

⑭ 中线向上 3 cm；

⑮ 腰口线向外 2.5 cm；

⑯ 大裆宽为(12/10)H；

⑰ 后腰围。中裆线上 20 cm、下 14 cm 为工字省设计，沿中线分隔至臀围线处，臀围线作为分隔线，分隔上下裤片。

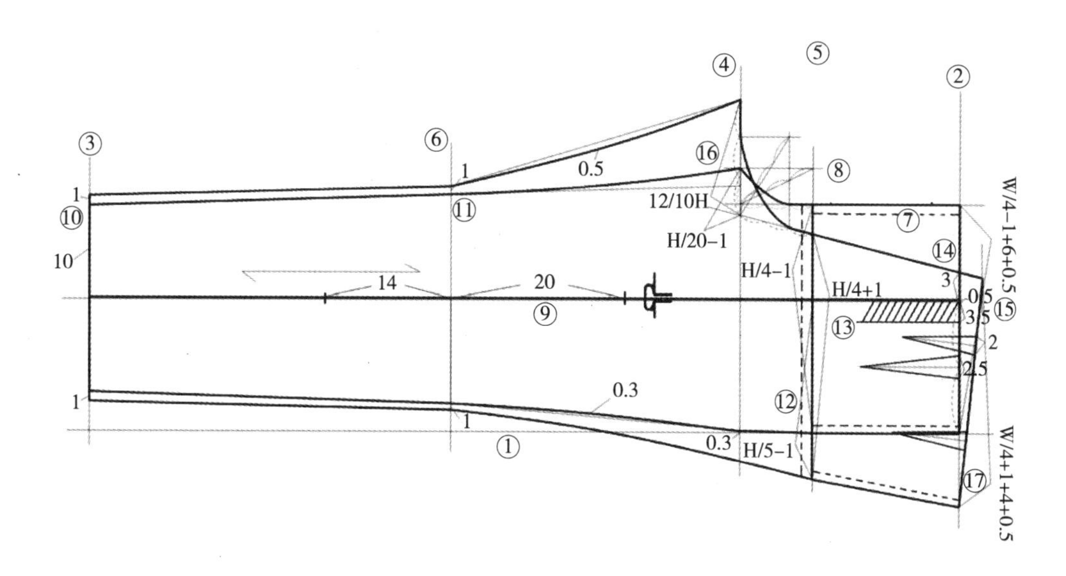
④
⑤
②
③
⑥
⑯
1
0.5
⑧
1
⑪
12/10H
W/4−1+6+0.5
⑩
⑦
H/20−1
10
⑭
H/4−1
14
20
H/4+1
3
0.5
⑨
3.5
⑮
⑬
2
2.5
0.3
1
⑫
1
0.3
①
H/5−1
W/4+1+4+0.5
⑰

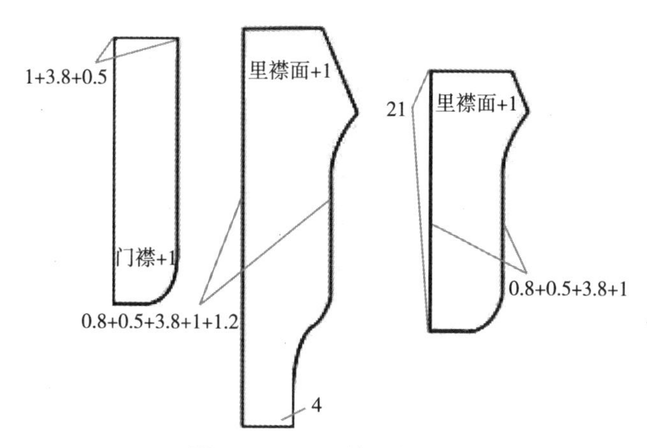
1+3.8+0.5
里襟面+1
21
里襟面+1
门襟+1
0.8+0.5+3.8+1
0.8+0.5+3.8+1+1.2
4

图 7-2-4　西裤纸样设计

参考文献

[1] 潘健华. 服装人体工程学与设计[M]. 上海:东华大学出版社，2008.

[2] 永凯. 服装工效学[M]. 北京:中国纺织出版社，2009.

[3] 张文斌,方芳. 服装人体工效学[M]. 上海:东华大学出版社，2008.

[4] 罗盛,胡素贞,文渝. 人体工程学[M]. 哈尔滨工程大学出版社，2009.

[5] 潘健华. 服装人体工效学与服装设计[M]. 北京:中国轻工业出版社，2000.

[6] 李森. 管理工效学[M]. 北京:清华大学出版社，2009.

[7] 志坚. 工效学及其在管理中的应用[M]. 科学出版社，2002.

[8] 苏丹,徐军. 残疾人服装设计与服装人体工程学[J]. 陕西纺织，2006 (2): 34 - 35.

[9] 王厉冰,于爱红. 服装的舒适性与功能[M]. 中国海洋大学出版社，2005.

[10] 姜怀. 常用/特殊服装功能构成评价与展望: 下册[M]. 上海:东华大学出版社，2006.

[11] 谢良. 服装结构设计研究与案例[M]. 上海:上海科学技术出版社，2005.

[12] 徐雅琴,马跃进. 服装制图与样板制作[M]. 北京:中国纺织出版社，2004.

[13] 张文斌. 服装结构设计[M]. 北京:中国纺织出版社，2006.

[14] 刘瑞璞. 服装纸样设计原理与技术: 女装编[M]. 北京:中国纺织出版社，2005.

[15] 倪一忠. 从人体工程学谈服装的舒适性和功能性[J]. 四川丝绸，2006，106(1): 46 - 47.

[16] 服装工艺学: 结构设计分册[M]. 北京:中国纺织出版社，2001.

[17] 王晓梅. 对服装制板细节的探讨[J]. 纺织导报，2011 (3): 89 - 90.

[18] 吴雪蒙. 肢体残疾人服装上衣的开襟设计[J]. 天津纺织科技，2010 (4): 42 - 44.

[19] 梁惠娥,吴雪蒙. 我国肢体残疾人服装的研究现状及前景[J]. 武汉科技学院学报，2008，21(4): 45 - 48.

[20] 刘玉宝，刘玉红. 服装结构设计大系 JM[J]. 2003.

[21] 欧阳骅. 服装卫生学[M]. 北京:人民军医出版社,1985.

[22] Yaglow C P,Miller W E. Effective temperature with clothing[J]. Trans Amer Soc Heat Vent Engrs,1925(47):31 - 89.

[23] Gagge A P, Burton A C, Bazett A C. A Practical System of Units for the Description of the Heat Exchange of Man with His Environment[J]. Science,1941(94):426 - 430.

[24] Woodlock A H. Moisture in Textile Systems. Part1[J]. T. R. 1962(11):628 - 633.

[25] Woodlock A H. Moisture in TextileSystems. Part2[J]. T. R. 1962(11):719 - 723.

[26] Goldman R F. N68 - 24878. Military Ergonomics lab[M]. US Research Institute Medical. Natick Massachuses:1965. 8.

[27] 陈东生. 服装卫生学[M]. 北京:中国纺织出版社,2000,9.
[28] 李毅. 纺织品热湿舒适性性能测试方法研究[J]. 纺织学报,1984(12):709-713.
[29] 王云祥. 织物热湿传递性能研究[J]. 中国纺织大学学报,1986(1):19-25.
[30] 邱冠雄. 针织品热湿舒适性研究[J]. 纺织学报,1991(4):17-20.
[31] 刘建立. 针织物动态热湿性能的研究[J]. 针织工业,1996(3):6-8.
[32] F W Behmanm. Melliand Textiber[J]. 1958,39:786.
[33] 郑煜. 人体生理学[M]. 成都:四川大学出版社. 2005.
[34] 田村照子. 衣环境的科学[M]. 东京:建帛社,2004.
[35] 张奕. 传热学[M]. 南京:东南大学出版社,2004.
[36] 张渭源. 服装舒适性与功能[M]. 北京:中国纺织出版社,2005.

致　谢

本书在编写过程中，东华大学出版社的编辑对本书初稿提出了宝贵的意见以及出版社其他工作人员对书稿进行的认真校对，在此表示由衷的感谢。

感谢孙宁璐和曲畅为本书的第一章和第二章进行资料的收集和整理以及初步编写。也感谢我的同事，有了他们的信任和大力支持，书稿编写过程进行得很顺利。

作者在书中所引用文字和图片的出处尽量标注详尽，但也有一些信息来自互联网，并未找到原作者的信息，在此对所参考文献的作者、出版社和互联网引用资料的原作者及出版单位表示感谢。

由于编写时间仓促和作者知识水平有限，书中难免有不足之处，敬请各位专家和广大读者批评指正。